黑龙江省野生植物原色图库丛书
Heilongjiang Province wild plants primary colour gallery series

◎丛书主编：郭春景
Chief editor：Guo Chunjing
◎本册主编：张 兴 焉志远 郭梦桥 唐焕伟
Editors：Zhang Xing Yan Zhiyuan Guo Mengqiao Tang Huanwei

大庆草地野生花卉
Daqing Meadow Wild Flowers

哈尔滨出版社
HARBIN PUBLISHING HOUSE

黑龙江省野生植物原色图库丛书

技术顾问：李景富

摄影顾问：潘　忠

丛书主编：郭春景

丛书副主编：焉志远　张　兴　谢振华

丛书编委会：方振兴　曲彦婷　孙　力　杨　臣　杨雪冰　李景富
张　兴　张金柱　倪红伟　郭春景　郭梦桥　唐焕伟
焉志远　谢振华　程薪宇　潘　忠　魏晓雪

大庆草地野生花卉

本册主编：张　兴　焉志远　郭梦桥　唐焕伟

本册副主编：曲彦婷　孙　力　程薪宇　王云云

本册编委：李景富　杨雪冰　郭春景　潘　忠　曹　彦　黄庆阳　张金柱
杨　帆　张　青　高　飞　韩　辉　刘志阳　佟　斌　周　磊
曲桓锋　王书可　盛　力　张欣欣　程维国

摄　　影：潘　忠　杨雪冰　焉志远　程薪宇　张　兴　孙　力

序

PREFACE

大庆是中国重要的油气工业城市之一。众所周知，油气是不可再生资源，储量再大也有枯竭告罄的一天，多年的开采迫使经济转型成为大庆未来发展的必行之路。

2009年，黑龙江省科学院在大庆建立了分院，旨在为大庆的经济转型发展提供技术助力。2014年的春天，黑龙江省科学院组建了野外植物科考队，开始对大庆市区域内生长的野生植物状况进行考察，旨在摸清大庆市区域内的植物资源状况，为大庆市的经济转型发展提供科学依据。

历经三年，科考队的足迹遍布五区四县的草原、湿地、林下，共找到各种植物395种，实地拍摄照片10667张。在这些可再生植物中，有些适于观赏，有些适于药用，有些适于做饲料，还有些可作为原料在加工后会成为附加值更高的产品。

拍摄到的照片也为黑龙江省科学院建立野生植物资源数据库、编辑图鉴奠定了基础。这本书就是在拍摄的上万张照片中遴选编辑而成的。

大自然是绚美多彩的，科考队在野外考察享受大自然之美的同时，也常常会有一种隐忧徘徊在心头——我们注意到历史资料的记载：2008年，大庆地区的植物尚有585种，而到了2016年的秋季，我们寻找到的植物只有395种。我们看到，保护草原的围栏破损严重，过量的牛羊在植被稀少的草地上啃食；我们也看到，草原上的植物尚未结果，甚至还没有开花，就被割草机放倒…… 过多的人为因素正在使大庆地区的植物种类急剧萎缩。

当翻开这本书，一张张漂亮的花卉图片映入眼帘的时候，你考虑过为减缓物种的消亡做点儿什么吗？

2016年12月29日下午

科考队野外踏查

Field inspection of expedition team

前言

FOREWORD

大庆位于黑龙江省西南部松嫩平原上，东经124° 19'—125° 12'，北纬45° 46'—46° 55'。由于特殊的地理位置，气候、降水、土壤、植被均具有独特性和复杂性。土地普遍具有盐碱化特征，分布着大面积的盐碱化草甸和盐生植被。

科考队连续三年对大庆地区植物资源进行实地考察，选择其中具有药用价值、食用价值、工业价值或较高观赏价值的多种植物进行了介绍，以展示大庆地区的植被特征和景观风貌，为了解大庆现有植物种类以及开发植物资源提供参考依据，同时对人为的开垦和过度放牧导致的植物种类持续减少、土地盐碱化加重、生态环境恶化等方面的生态问题的治理及修复保护具有重要意义。

书中采用图文对照的形式，对每种植物进行了简要阐述，包括中文名、拉丁名、别名、基本形态特征、拍摄地点以及应用价值。为了直观了解植物的形态特征，每种植物都配有精美彩图，附有中文名和拉丁名索引。编写过程中参考了大量文献，力求植物种名、学名的准确性。植物的科、属划分，主要按照恩格勒系统进行。文字介绍部分主要参考了《中国植物志》、《东北植物检索表》、《黑龙江省植物检索表》等。

当您用心欣赏草原时，您就会发现，从5月开始，每星期开花的植物都会有所变化，一些新的种类相继出现，另一些则逐渐退出舞台。草原就像一张会随时变化的绘有美丽花纹的毯子，不同的月份展示出不同的风情。

由于时间仓促以及水平有限，有些用词可能尚显不足，欠妥之处，敬请读者提出宝贵意见。

2016年12月31日

CONTENTS

目录

CONTENTS

目录

CONTENTS

目 录

CONTENTS

目录

CONTENTS

目录

CONTENTS

目录

湖泊生境
Living environment of lakes

盐碱地草原

Saline-alkali grassland

湿地生境
Living environment of wetland

沙地草原
Sandy grassland

大庆草地野生花卉

大庆草地野生花卉

桑科 Moraceae

大麻属 *Cannabis*

大麻

拉丁名

Cannabis sativa L.

别　名

白麻，线麻，火麻。

基本形态特征

一年生草本，高1—3米。枝具纵沟槽，密生灰白色贴伏毛。掌状复叶，披针形；叶柄密被灰白色贴伏毛；托叶线形。雄花白色。坚果卵形，为黄褐色果皮所包裹，果皮坚脆，表面具细网纹。花期5—6月，果期为7月。

拍摄地点

大庆市萨尔图区草原。

应用价值

果实入药，主治大便燥结；花入药，主治恶风、闭经；果皮有毒，治劳伤、破积、散脓，多服令人发狂；叶含麻醉性树脂，可以配制麻醉剂。

檀香科 Santalaceae

百蕊草属 *Thesium*

百蕊草

拉丁名

Thesium chinense Turcz.

别　名

草檀，积药草，珍珠草。

基本形态特征

多年生草本，高15—40厘米。无毛，茎细长，簇生，基部以上疏分枝，斜升，有纵沟。叶线形；花单一。花期5月，果期6—7月。

拍摄地点

大庆市红岗区草原。

应用价值

全草入药，治肺热病、心脏病、肺脓肿。

蓼科 Polygonaceae

蓼属 *Polygonum*

东方蓼

拉丁名

Polygonum orientale L.

别　名

红蓼。

基本形态特征

一年生草本。茎直立，上部多分枝。叶宽卵形，密生缘毛；叶柄具展开的长柔毛；托叶鞘筒状，膜质，被长柔毛，具长缘毛。总状花序呈穗状，花紧密，微下垂；苞片宽漏斗状；花梗比苞片长；花被5深裂；花粉红色或白色。瘦果近圆形。花期6—9月，果期8—10月。

拍摄地点

大庆市杜尔伯特蒙古族自治县连环湖。

应用价值

果实入药，有活血、止痛、消积食、利尿功效。

蓼科 Polygonaceae

蓼属 *Polygonum*

两栖蓼

拉丁名

Polygonum amphibium L.

基本形态特征

多年生草本，根状茎横走，具分枝，无毛。叶长圆形，椭圆形或长圆状披针形，顶端钝或微尖，基部近心形，两面无毛，全缘；托叶鞘筒状，膜质，顶端截形，具短缘毛；总状花序呈穗状，顶生或腋生，苞片宽漏斗状；花被淡红色或白色。瘦果近圆形。花果期7—9月。

拍摄地点

大庆龙凤区湿地。

应用价值

药用，可清热利湿、解毒，主治痢疾、浮肿、多汗、尿血、潮热、疔疮。

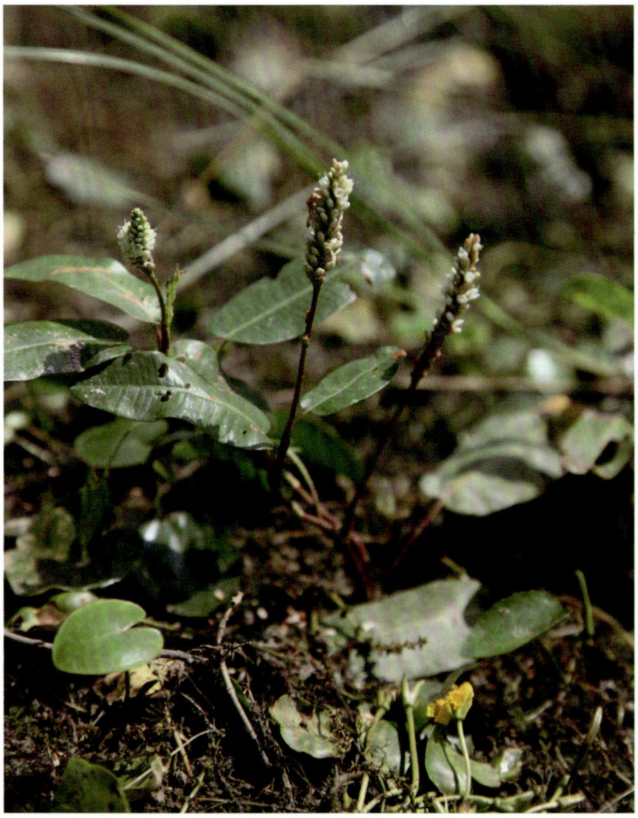

蓼科 Polygonaceae

蓼属 *Polygonum*

酸模叶蓼

拉丁名

Polygonum sibiricum Laxm.

别　名

大马蓼。

基本形态特征

一年生草本。茎直立，具分枝，无毛，节部膨大。叶披针形或宽披针形，顶端渐尖或急尖，基部楔形，上面绿色，常有一个大的黑褐色新月形斑点；叶柄短，具短硬伏毛；托叶鞘筒状，膜质，淡褐色，无毛。总状花序呈穗状，花序梗被腺体；苞片漏斗状，边缘具稀疏短缘毛；花被淡红色或白色。瘦果宽卵形。花期6—8月，果期7—9月。

拍摄地点

大庆市萨尔图区草原。

应用价值

环境修复植物，提取物具有抗炎和解热的功效。

蓼科 Polygonaceae

蓼属 *Polygonum*

西伯利亚蓼

拉丁名

Polygonum sipiricum Laxm.

基本形态特征

多年生草本。根状茎细长。茎外倾或近直立，自基部分枝，无毛。叶片长椭圆形或披针形，无毛，顶端急尖或钝，基部戟形或楔形，边缘全缘；叶柄长8—15毫米；托叶鞘筒状，膜质，上部偏斜，开裂，无毛，易破裂。花序圆锥状，花被5深裂，黄绿色，花被片长圆形。瘦果卵形，具3棱，黑色，有光泽，包于宿存的花被内或凸出。花果期6—9月。

拍摄地点

大庆市大同区草原。

应用价值

全草入药，可清热解毒、祛风除湿。

蓼科 Polygonaceae

蓼属 *Polygonum*

分叉蓼

拉丁名

Polygonum divaricatum L.

别　名

酸不溜，酸溜子草。

基本形态特征

多年生草本。茎直立，有细沟纹，叉状分枝，疏散开展，外观轮廓呈球状。托叶鞘膜质，斜形，疏生柔毛或无毛，在茎中下部多破碎脱落；叶柄极短或无；叶披针形或长圆形。圆锥状花序，分枝开展，苞片边缘膜质；花被白色，5深裂。瘦果宽椭圆形。花期7—8月，果期8—9月。

拍摄地点

大庆市杜尔伯特蒙古族自治县草原。

应用价值

全草入药，用于大小肠积热、瘿瘤、热泻腹痛等；根可祛寒、温肾，用于寒疝、阴囊出汗、胃痛、腹泻等。

蓼科 Polygonaceae

酸模属 *Rumex*

酸模

拉丁名

Rumex acetosa L.

别　名

遏蓝菜，酸溜溜。

基本形态特征

多年生草本。根为须根。茎直立，基生叶和茎下部叶箭形，茎上部叶较小。花序呈圆锥状；花单性，雌雄异株；花梗中部具关节；雄花内花被片椭圆形，外花被片较小；雌花内花被片结果时增大，近圆形，基部心形，网脉明显，基部具极小的小瘤，外花被片椭圆形，反折；瘦果椭圆形，花期5—7月，果期6—8月。

拍摄地点

大庆市萨尔图区草原。

应用价值

全草入药，有凉血、解毒之效；嫩茎、叶可当作蔬菜及饲料。

蓼科 Polygonaceae

酸模属 *Rumex*

皱叶酸模

拉丁名

Rumex crispus L.

基本形态特征

多年生草本植物。茎直立；叶片披针形或狭披针形，两面无毛；花序由数个腋生的总状花序组成，呈狭圆锥状，顶生狭长；花两性。瘦果卵形，暗褐色，有光泽。5—6月开花，6—8月结果。

拍摄地点

大庆市大同区草原。

应用价值

具有清热解毒，止血，通便，杀虫之功效；北方通常将其种子塞入枕头，作为枕芯填充物。

蓼科 Polygonaceae

酸模属 *Rumex*

洋铁酸模

拉丁名

Rumex patientia L. var. *callosus* Fr. Schmidt

别　名

巴天酸模，洋铁叶，牛舌头棵。

基本形态特征

多年生草本。根肥厚。茎直立。基生叶长圆形或长圆状披针形，基部圆形或近心形，边缘波状；叶柄粗壮；茎上部叶披针形，较小，具短叶柄或近无柄；托叶鞘筒状，膜质。花序圆锥状；花两性；外花被片长圆形，内花被片结果时增大，宽心形。瘦果卵形，褐色。花期5—6月，果期6—7月。

拍摄地点

大庆市大同区草原。

应用价值

根及根茎入药，具凉血止血、清热解毒、通便杀虫之功效。

蓼科 Polygonaceae

酸模属 *Rumex*

马氏酸模

拉丁名

Rumex marschallianus Rchb.

基本形态特征

一年生草本。具须根，茎细弱，具细纵棱，微红色，直立。托叶鞘膜质，通常破坏脱落；茎下部叶披针形或椭圆状披针形；基部楔形或圆形；叶缘皱波状，上部叶较小，柄短。花两性，轮生于叶腋，形成具叶的圆锥花序；内花被片仅一片，具小瘤。瘦果椭圆形，黄褐色。花期6—7月，果期7—8月。

拍摄地点

大庆市大同区草原。

蓼科 Polygonaceae

酸模属 *Rumex*

长刺酸模

拉丁名

Rumex maritimus L.

别　名

刺酸模。

基本形态特征

一年生草本。茎直立。茎下部叶披针形或，顶端急尖，基部狭楔形，边缘微波状；茎上部近无柄；托叶鞘膜，早落。花序圆锥状，具叶；花两性，多花轮生；花梗基部具关节；外花被片椭圆形，内花被片结果时增大，狭三角状卵形，顶端急尖，基部截形。瘦果椭圆形。花期5—6月，果期6—7月。

拍摄地点

大庆市大同区草原。

应用价值

根入药，具有抗真菌、抗氧化、抗肿瘤等作用，在我国民间以止血和治疗疥癣著称，使用已久。

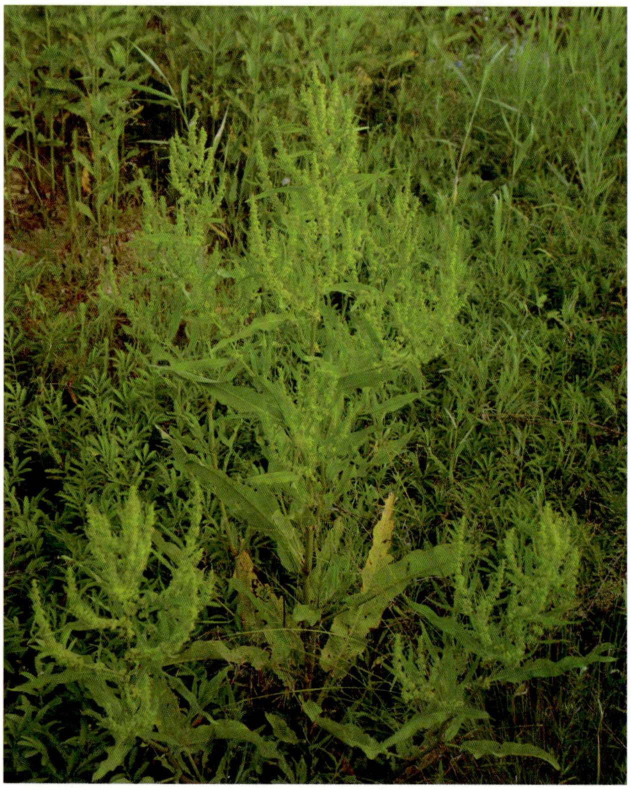

石竹科 Caryophyllaceae

繁缕属 *Stellaria*

垂梗繁缕

拉丁名

Stellaria radians L.

别　名

繸瓣繁缕。

基本形态特征

多年生草本。伏生绢毛，上部毛较密。根茎细，匍匐，分枝。茎直立或上升，四棱形，上部分枝，密被绢柔毛。叶片长圆状披针形至卵状披针形，顶端渐尖，基部极狭成极短柄，两面均伏生绢毛，下面中脉凸起。聚伞花序顶生；苞片草质，披针形，被密柔毛；花瓣白色，轮廓宽倒卵状楔形。蒴果卵形；种子肾形。花期6—8月，果期7—9月。

拍摄地点

大庆市林甸县草原。

应用价值

全草治丹毒，小儿胎毒。

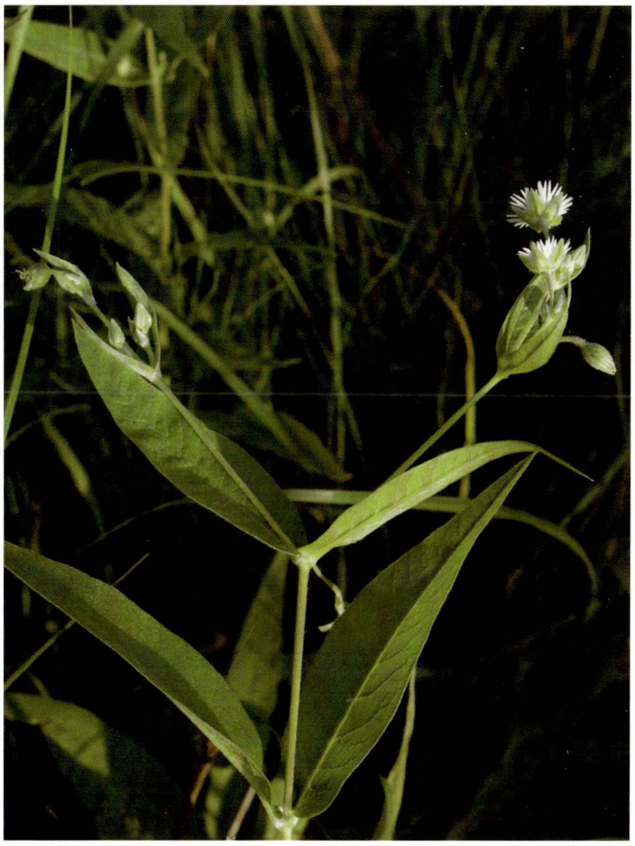

石竹科 Caryophyllaceae

繁缕属 *Stellaria*

繁缕

拉丁名

Stellaria media (L.) Cyrillus

别　名

鹅肠菜，鹅耳伸筋，鸡儿肠。

基本形态特征

一年生或二年生草本。茎俯仰或上升，基部常带淡紫红色。叶片卵形；基生叶具长柄，上部叶常无柄或具短柄。疏聚伞花序顶生；花梗细弱，花后伸长，下垂；萼片5，卵状披针形；花瓣白色，长椭圆形，比萼片短。蒴果卵形；种子卵圆形至近圆形，稍扁，红褐色。花期6—7月，果期7—8月。

拍摄地点

大庆市龙凤区林下。

应用价值

茎、叶及种子供药用，嫩苗可食。

石竹科 Caryophyllaceae

石竹属 *Dianthus*

石竹

拉丁名

Dianthus chinensis L.

基本形态特征

多年生草本，全株无毛，呈粉绿色。茎直立，上部分枝。叶片线状披针形。花单生或两或三朵疏生枝端；花萼圆筒形，有纵条纹，萼齿披针形，直伸，顶端尖，有缘毛；花瓣倒卵状三角形，淡红色或白色，顶缘不整齐齿裂，喉部有斑纹。蒴果圆筒形。花期5—6月，果期7—9月。

拍摄地点

大庆市龙凤区草原。

应用价值

全草入药，可清热利尿、破血通经、散瘀消肿。

石竹科 Caryophyllaceae

丝石竹属 *Gypsophila*

北丝石竹

拉丁名

Gypsophila davurica Fenzl

别　名

草原石头花，草原霞草。

基本形态特征

多年生草本，全株无毛。根粗壮，淡褐色至灰褐色，木质。茎数个丛生，上部分枝。叶片线状披针形，顶端长渐尖，基部稍狭，无柄，下面中脉较明显。聚伞花序稍疏散；花萼钟形；花瓣淡粉红色或近白色，倒卵状长圆形，顶端微凹或截形，基部稍狭，长度为花萼的2倍；雄蕊比花瓣短。蒴果卵球形；种子圆肾形。花期6—9月，果期7—10月。

拍摄地点

大庆市龙凤区草原。

应用价值

根入药，治疗水肿、小便不利及消化不良；含皂甙，可当肥皂代用品；幼苗可当猪饲料。

石竹科 Caryophyllaceae

女娄菜属 *Melandrium*

女娄菜

拉丁名

Melandrium apricum (Fisch. et C. A. Mey.) Rohrb.

别　名

王不留行，桃色女娄菜。

基本形态特征

一年生或二年生草本，全株密被灰色短柔毛。主根较粗壮，稍木质。茎单生或数个，直立。基生叶，叶片倒披针形或狭匙形；茎生叶，叶片倒披针形、披针形或线状披针形。圆锥花序较大；花梗直立；苞片披针形，草质，渐尖，具缘毛；花萼卵状钟形；雌雄蕊柄极短或近无，被短柔毛；花瓣白色或淡红色。蒴果卵形，种子圆肾形。花期5—7月，果期6—8月。

拍摄地点

大庆市红岗区草原。

应用价值

全草入药，治乳汁少、体虚浮肿等。

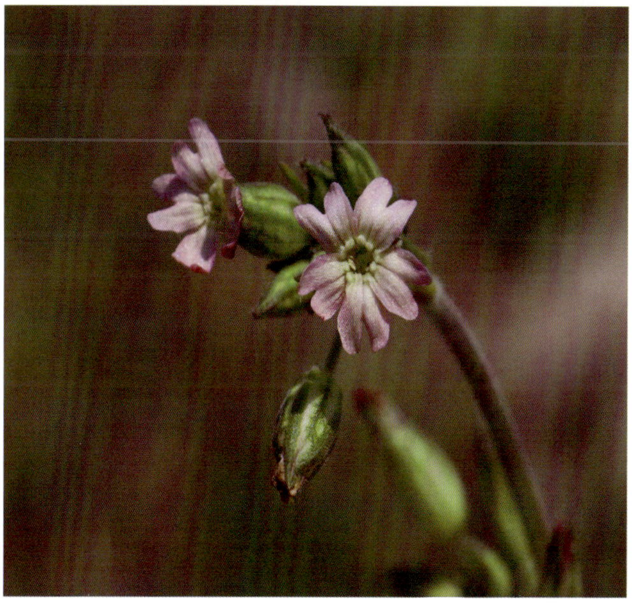

石竹科 Caryophyllaceae

麦瓶草属 *Silene*

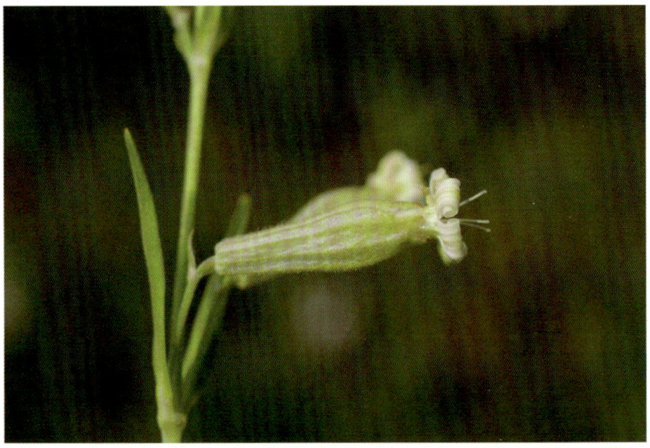

毛萼麦瓶草

拉丁名

Silene repens Patr.

别　名

蔓麦瓶草，匍生蝇子草，匍生鹤草。

基本形态特征

多年生草本，全株被短柔毛。根状茎细长，分叉。茎疏丛生或单生。叶片线状披针形、倒披针形或长圆状披针形。总状圆锥花序，雌雄蕊柄被短柔毛；花瓣白色，稀黄白色，爪倒披针形，不露出花萼，无耳，瓣片平展，轮廓倒卵形，浅2裂或深达其中部；花柱微外露。蒴果卵形；种子肾形。花期6—8月，果期7—9月。

拍摄地点

大庆市红岗区草原。

应用价值

全草入药，可止血、调经。

石竹科 Caryophyllaceae

麦瓶草属 *Silence*

叶麦瓶草

拉丁名

Silene foliosa Maxim.

基本形态特征

多年生草本。根木质，具多头根颈。茎丛生，下部被逆向毛。茎生叶，叶片线状倒披针形或披针状线形。花序圆锥状，花梗细，具黏液；花萼卵状钟形，无毛，萼齿宽三角状卵形，顶端钝，边缘膜质，具缘毛；雌雄蕊柄被微柔毛；花瓣白色，露出花萼长约一倍，爪倒披针形；雄蕊明显外露。蒴果长圆状卵形；种子肾形。花期7—8月，果期8月。

拍摄地点

大庆市红岗区草原。

应用价值

观花植物，可用于园林绿化。

藜科 Chenopodiaceae

藜属 *Chenopodium*

刺藜

拉丁名

Chenopodium aristatum L.

别　名

刺穗藜，针尖藜。

基本形态特征

一年生草本。全株常呈圆锥形。茎无毛或稍有毛。叶条形或狭披针形。复二歧式聚伞花序。胞果圆形；种子横生，顶基扁。花期8—9月，果期10月。

拍摄地点

大庆市红岗区草原。

应用价值

全草入药，可治疗过敏性皮炎、调经。

藜科 Chenopodiaceae

藜属 *Chenopodium*

灰绿藜

拉丁名

Chenopodium glaucum L.

基本形态特征

一年生草本。茎平卧或外倾，具条棱及绿色或紫红色色条。叶片矩圆状卵形至披针形。花两性，兼有雌性，通常数花聚成团伞花序，再于分枝上排列成有间断而通常短于叶的穗状或圆锥状花序；花丝不伸出花被，花药球形；柱头2，极短。胞果顶端露出于花被外，果皮膜质，黄白色。种子扁球形，暗褐色或红褐色，表面有细点纹。花果期5—10月。

拍摄地点

大庆市杜尔伯特蒙古族自治县草原。

应用价值

幼嫩植株可当猪饲料；灰绿藜与磁石配伍内服、外敷，可退入骨之镞。

藜科 Chenopodiaceae

藜属 *Chenopodium*

尖头叶藜

拉丁名

Chenopodium acuminatum Willd.

基本形态特征

一年生草本。茎直立，具条棱及绿色色条，有时色条带紫红色，多分枝；枝较细瘦。叶片宽卵形至卵形；花两性，团伞花序，于枝上部排列成紧密的或有间断的穗状或穗状圆锥状花序，花序轴（或仅在花间）具圆柱状毛束。胞果顶基扁，圆形或卵形。种子横生。花期6—7月，果期8—9月。

拍摄地点

大庆市林甸县草原。

应用价值

全草入药，用于风寒头痛、四肢胀痛。

藜科 Chenopodiaceae

地肤属 *Kochia*

木地肤

拉丁名

Kochia prostrata (L.) Schrad.

基本形态特征

半灌木。木质茎通常低矮，有分枝；当年枝淡黄褐色或淡红色。叶互生，稍扁平，条形，常数片集聚于腋生短枝而呈簇生状。花两性兼有雌性，通常2—3个团集叶腋，于当年枝的上部或分枝上集成穗状花序；花被球形，有密绢状毛，花被裂片卵形或矩圆形，先端钝，内弯。胞果扁球形。种子近圆形，黑褐色。花期7—8月，果期8—9月。

拍摄地点

大庆市萨尔图区草原。

应用价值

荒漠地区的优良牧草。

藜科 Chenopodiaceae

地肤属 *Kochia*

碱地肤

拉丁名

Kochia sieversiana (Pall.) C. A. Mey.

基本形态特征

一年生草本。茎直立，枝上端密被白色柔毛，秋后植株全部变为红色。叶互生，无柄，倒披针形、披针形或条状披针形，先端尖或稍钝，全缘，两面有毛或无毛。花两性或雌性，通常1—2朵集生于叶腋的束状密毛丛中，胞果扁球形，包于花被内。花期6—9月，果期7—10月。

拍摄地点

大庆市萨尔图区草原。

应用价值

幼嫩时可采集供食用；果实及全草入药，果实称“地肤子”，有清热、祛风、利尿、止痒的功效，外用可治疗皮癣，湿疹。

叶可以吃，老株可用来做扫帚。

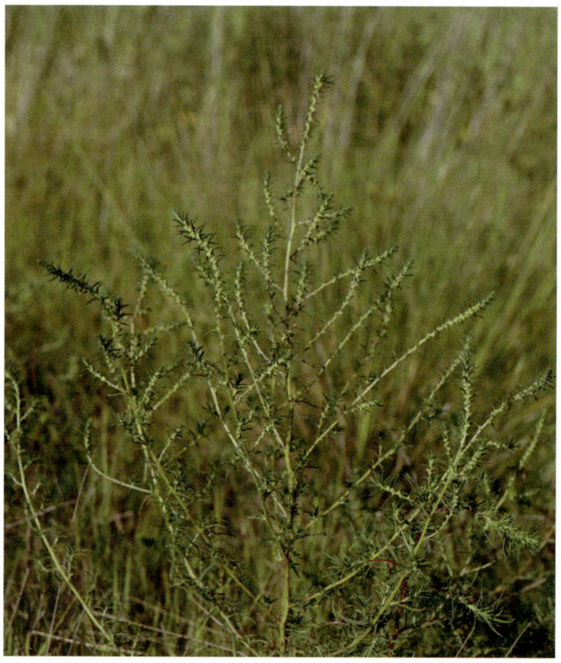

藜科 Chenopodiaceae

猪毛菜属 *Salsola*

猪毛菜

拉丁名

Salsola collina Pall.

基本形态特征

一年生草本植物。茎直立；叶线状圆柱形，两面无毛；花序为细长穗状，顶生狭长。花两性。瘦果近球形，褐色，有光泽。6—7月开花，7—8月结果。

拍摄地点

大庆市红岗区草原。

应用价值

全草入药，有降低血压作用；嫩茎、叶可供食用。

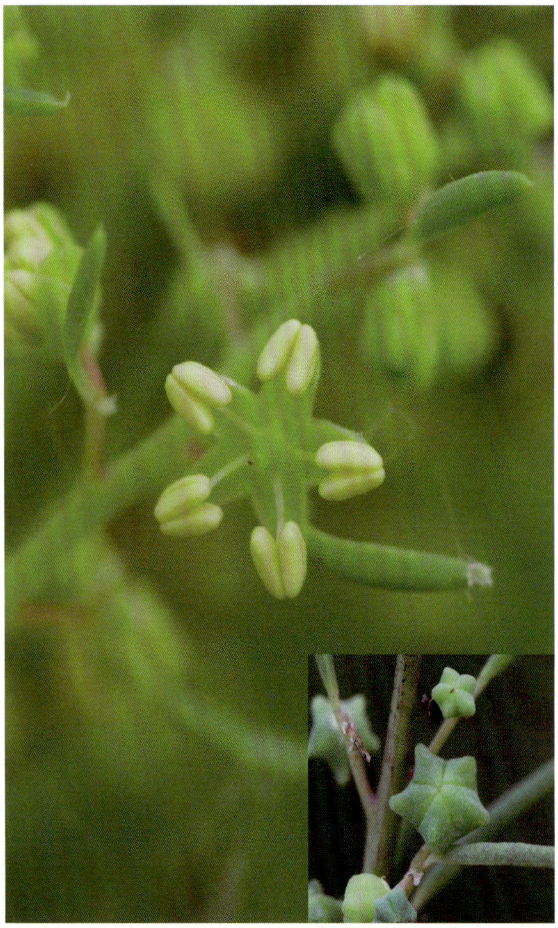

藜科 Chenopodiaceae

碱蓬属 *Suaeda*

碱蓬

拉丁名

Suaeda glauca Bunge

基本形态特征

一年生草本。茎直立。叶线形，半圆柱状，肉质，灰绿色，光滑无毛。花两性兼有雌性，单生或簇生于叶腋；两性花花被杯状，黄绿色；雌花花被近球形，灰绿色；花被裂片卵状三角形，先端钝，结果时增厚，使花被略呈五角星状。种子横生或斜生。花果期7—9月。

拍摄地点

大庆市萨尔图区草原。

应用价值

可入药，主治食积停滞、发热等；鲜嫩茎叶营养丰富，可食用；株形美观，有“翡翠珊瑚”的雅称，可用于园林观赏。

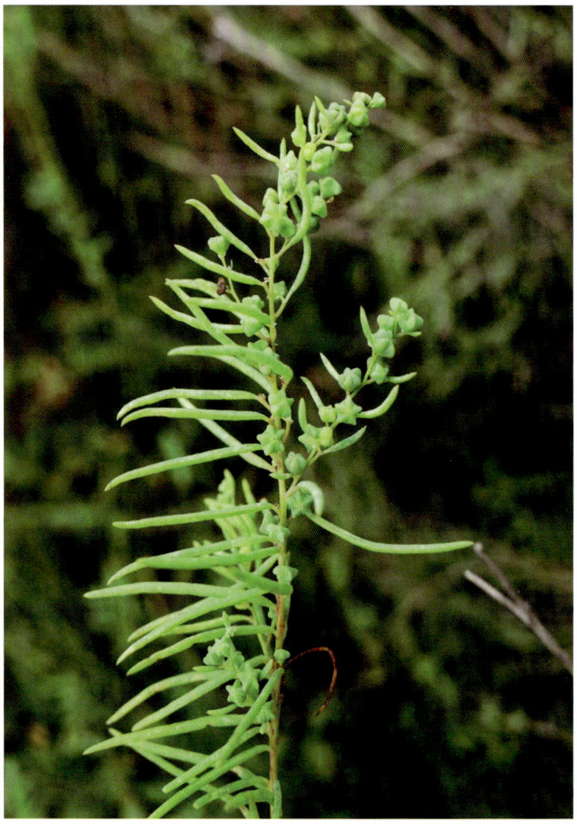

苋科 Amaranthaceae

苋属 *Amaranthus*

反枝苋

拉丁名

Amaranthus retroflexus L.

别　名

野苋菜，苋菜，西风谷。

基本形态特征

一年生草本，茎直立，淡绿色，有时带紫色条纹。叶片菱状卵形或椭圆状卵形，基部楔形，全缘或波状缘，两面及边缘有柔毛。圆锥状花序顶生及腋生，苞片及小苞片钻形；花被片矩圆形或矩圆状倒卵形。种子近球形。花期7—8月，果期8—9月。

拍摄地点

大庆市林甸县草原。

应用价值

全草药用，治腹泻、痢疾、痔疮肿痛出血等；种子做青葙子入药；嫩茎叶为野菜，也可做家畜饲料。

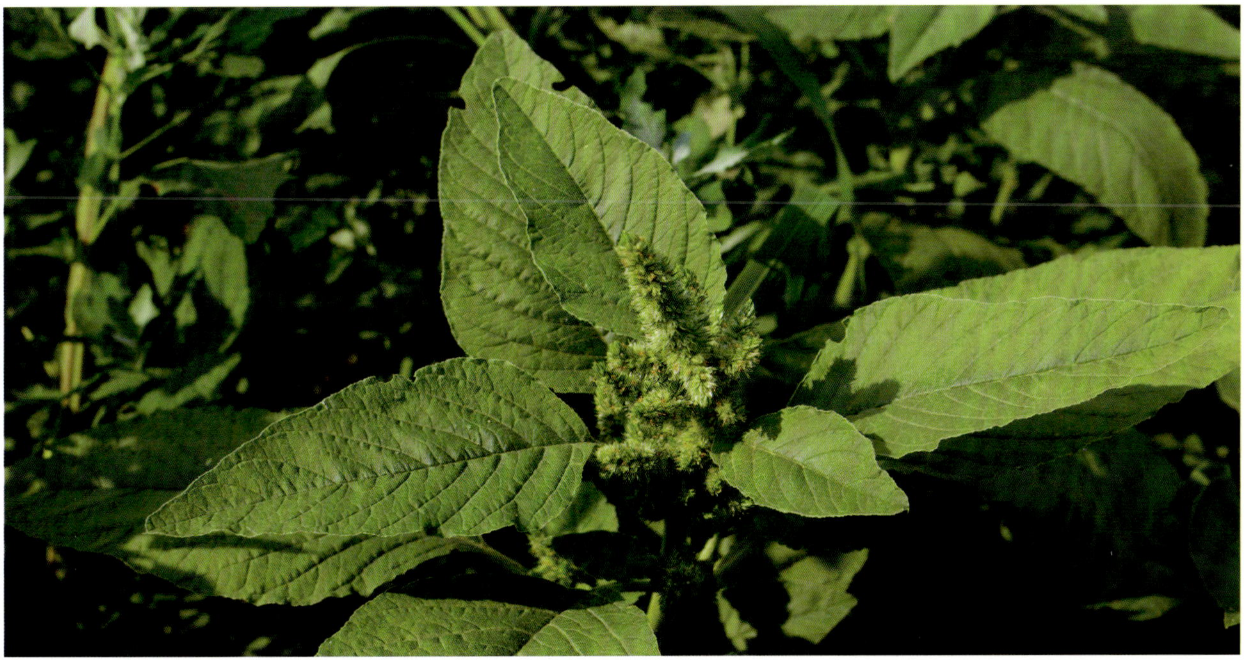

毛茛科 Ranunculaceae

驴蹄草属 *Caltha*

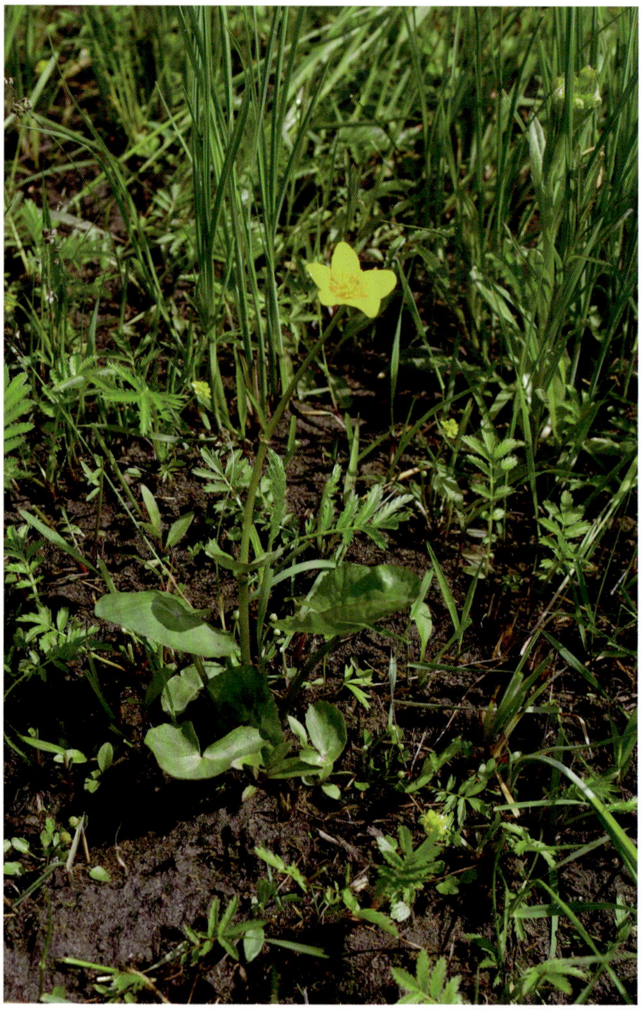

驴蹄草

拉丁名

Caltha palustris L. var *sibirica* Regel

别　名

蹄叶。

基本形态特征

多年生草本，全部无毛，有多数肉质须根。茎实心，具细纵沟，在中部或中部以上分枝，稀不分枝。基生叶3—7，有长柄；叶片圆形、圆肾形或心形。茎或分枝顶部有由2朵花组成的简单的单歧聚伞花序；苞片三角状心形，边缘生齿；萼片5，黄色，倒卵形或狭倒卵形；花药长圆形，花丝狭线形。种子狭卵球形。5—9月开花，6月开始结果。

拍摄地点

大庆市龙凤区林下。

应用价值

全草可供药用，有祛风、散寒之效；全草含白头翁素和其他植物碱，有毒，可试制土农药。

毛茛科 Ranunculaceae

铁线莲属 *Clematis*

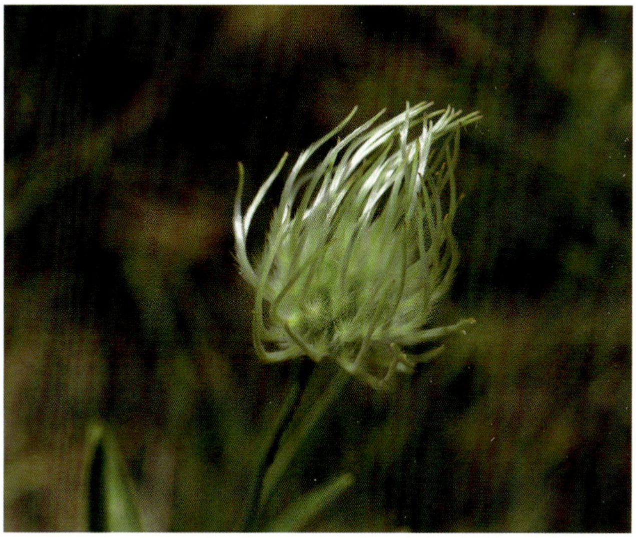

棉团铁线莲

拉丁名

Clematis hexapetala Pall.

别　名

山蓼，棉花子花，野棉花。

基本形态特征

直立草本。茎疏生柔毛。叶片近革质绿色，单叶至复叶，一至二回羽状深裂；裂片线状披针形、长椭圆状披针形至椭圆形或线形。花序顶生，有时花单生；萼片白色，长椭圆形或狭倒卵形，外面密生棉毛，花蕾时像棉花球。瘦果倒卵形，有灰白色长柔毛。花期6—8月，果期7—10月。

拍摄地点

大庆市萨尔图区草原。

应用价值

根入药，有解热、镇痛、利尿、通经的功效，可治风湿病、水肿、神经痛、痔疮肿痛等；可当作农药，对马铃薯疫病和红蜘蛛有良好防治作用。

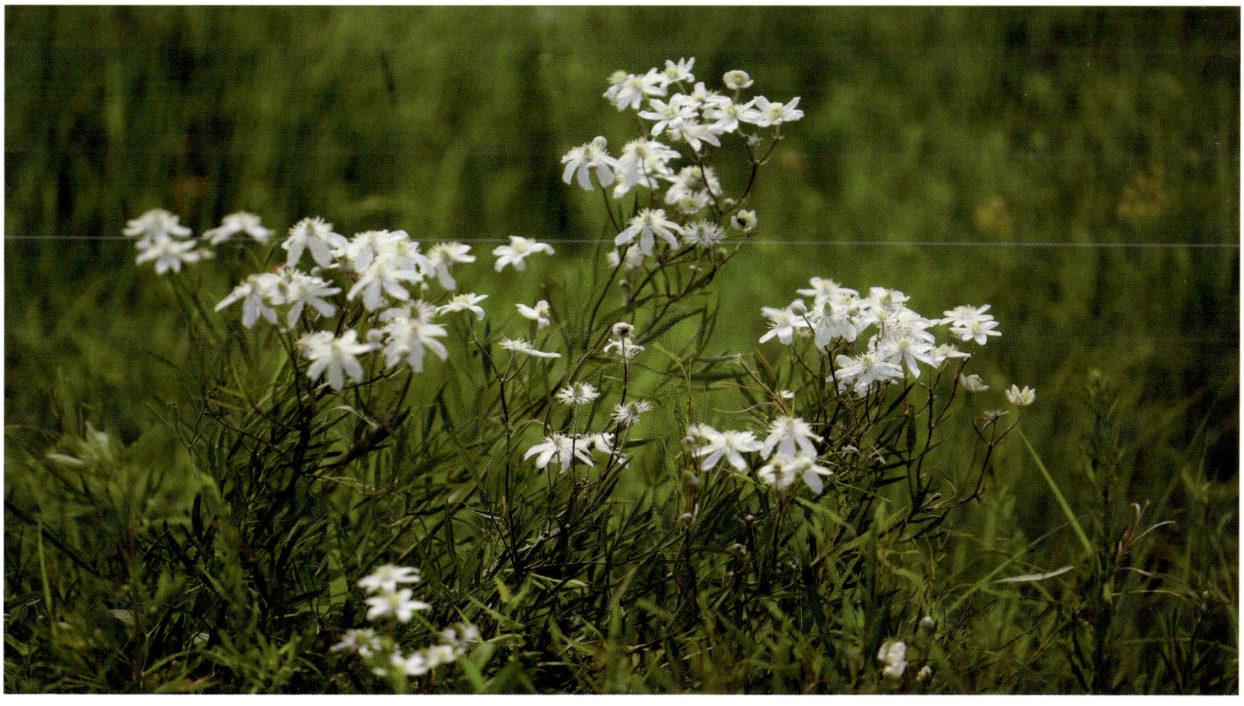

毛茛科 Ranunculaceae

翠雀属 *Delphinium*

翠雀

拉丁名

Delphinium grandiflorum L.

别　名

鸽子花，百部草，鸡爪莲。

基本形态特征

茎高35—65厘米，与叶柄均被反曲而贴伏的短柔毛。基生叶和茎下部叶有长柄；叶片圆五角形，三全裂，中央全裂片近菱形，小裂片线状披针形至线形。总状花序；下部苞片叶状，其他苞片线形；萼片紫蓝色；花瓣蓝色，无毛，顶端圆形。种子倒卵状四面体形。5—10月开花。

拍摄地点

大庆市龙凤区草原。

应用价值

全草煎水含漱（有毒勿咽），可治风热牙痛；栽培供观赏。

毛茛科 Ranunculaceae

白头翁属 *Pulsatilla*

白头翁

拉丁名

Pulsatilla chinensis (Bunge) Regel

别　名

羊胡子花，老冠花，将军草，大碗花，老公花，老姑子花，毛姑朵花。

基本形态特征

多年生草本。基生叶在开花时刚刚生出，有长柄；叶片宽卵形，三全裂，中全裂片；叶柄有密长柔毛。花葶有柔毛；花直立；萼片暗紫色，长圆状卵形，背面有密柔毛；雄蕊长约为萼片之半。瘦果呈头状，有长柔毛。花期5—6月，果期6—7月。

拍摄地点

大庆市龙凤区草原。

应用价值

根状茎药用，治热毒血痢、温疟、鼻衄、痔疮出血等；根状茎水浸液可当作土农药，能防治地老虎、蚜虫、蝇蛆、孑孓以及小麦锈病、马铃薯晚疫病等病虫害。

毛茛科 Ranunculaceae

毛茛属 *Ranunculus*

毛茛

拉丁名

Ranunculus japonicus Thunb.

别　名

老虎脚迹，五虎草。

基本形态特征

多年生草本。茎直立，中空，有槽，具分枝，生开展或贴伏的柔毛。基生叶多数。聚伞花序有多数花，疏散；花梗贴生柔毛；萼片有时呈花瓣状，生白柔毛；花瓣倒卵状圆；花托短小，无毛。花果期4—9月。

拍摄地点

大庆市红岗区草原。

应用价值

全草有毒，为发泡剂和杀菌剂，捣碎外敷，可治疟疾、消肿及治黄疸。

毛茛科 Ranunculaceae

唐松草属 *Thalictrum*

卷叶唐松草

拉丁名

Thalictrum petaloideum L. var. *supradecompositum* (Nakai) Kitag.

基本形态特征

多年生草本植物。植株全部无毛。上部分枝。基生叶数个，为三至四回三出或羽状复叶；小叶草质，顶生小叶倒卵形、宽倒卵形。花序伞房状，有少数或多数花；萼片4，白色，卵形；雄蕊多数，花药狭长圆形，花丝上部倒披针形，比花药宽。瘦果卵形，有8条纵肋。6—7月开花。

拍摄地点

大庆市龙凤区草原。

应用价值

根入药，可治黄疸型肝炎、腹泻、痢疾、渗出性皮炎等；可用于风景园丛植点缀，亦可盆栽观赏。

毛茛科 Ranunculaceae

唐松草属 *Thalictrum*

箭头唐松草

拉丁名

Thalictrum simplex L.

基本形态特征

植株全部无毛。茎生叶向上近直展，为二回羽状复叶；茎下部的叶片圆菱形、菱状宽卵形或倒卵形。圆锥花序，萼片4，早落，狭椭圆形，花药狭长圆形，花丝丝形。瘦果狭椭圆球形或狭卵球形。7月开花。

拍摄地点

大庆市龙凤区林下。

应用价值

全草可治黄疸、泻痢等；花和果可治肝炎、肝肿大。

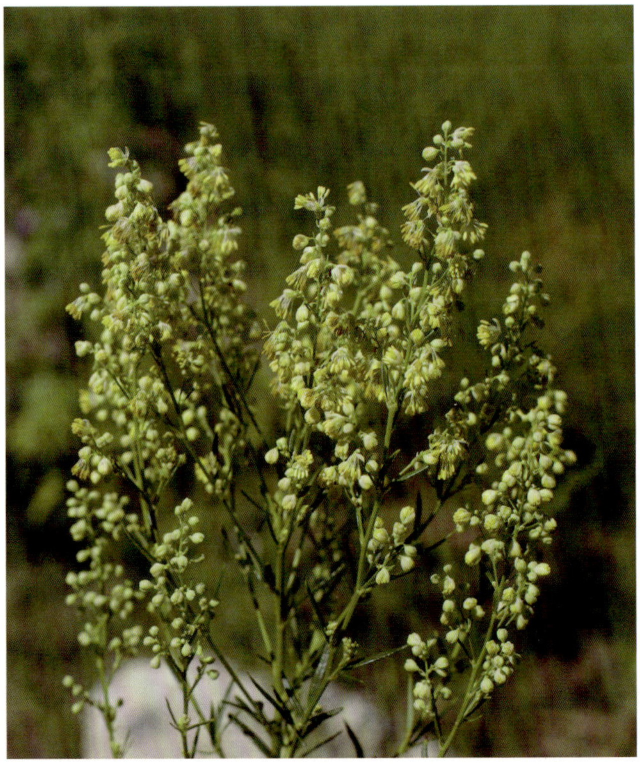

睡莲科 Nymphaeaceae

莲属 *Nelumbo*

莲

拉丁名

Nelumbo nucifera Gaertn.

别　名

莲花，芙蕖，芙蓉，菡萏，荷花。

基本形态特征

多年生水生草本。生长末期根状茎肥厚，节间膨大，内有多数纵行通气孔道，节部缢缩，上生黑色鳞叶，下生须状不定根。叶圆形，盾状；叶柄粗壮，圆柱形，外面散生小刺。花瓣淡红色或白色，矩圆状椭圆形至倒卵形。坚果椭圆形或卵形；种子（莲子）卵形或椭圆形。花期6—8月，果期8—10月。

拍摄地点

大庆市肇源县湿地。

应用价值

根状茎可当蔬菜或提制淀粉；种子供食用；叶、叶柄煎水喝可清暑热；藕节、荷叶、荷梗、莲房、雄蕊及莲子都富有鞣质，可收敛止血；叶为茶的代用品，又可做包装材料。

睡莲科 Nymphaeaceae

睡莲属 *Nymphaea*

睡莲

拉丁名

Nymphaea tetragona Georgi

基本形态特征

多年生水生草本。根状茎短粗。叶纸质，心状卵形或卵状椭圆形，基部具深弯缺，约占叶片全长的1/3，裂片急尖，稍开展或几重合，全缘，上面光亮，下面带红色或紫色，两面皆无毛，具小点。花梗细长；花萼基部四棱形，萼片革质，宽披针形或窄卵形；花瓣白色，宽披针形、长圆形或倒卵形。浆果球形；种子椭圆形。花期6—8月，果期8—10月。

拍摄地点

大庆市肇源县湿地。

应用价值

根状茎含淀粉，可食用或酿酒。全草可做绿肥药。

十字花科 Cruciferae

南芥属 *Arabis*

垂果南芥

拉丁名

Arabis pendula L.

别　名

唐芥，扁担蒿，野白菜，大蒜芥。

基本形态特征

二年生草本。全株被硬单毛。主根圆锥状，黄白色。茎直立，上部有分枝。茎下部的叶长椭圆形至披针形。总状花序顶生或腋生；萼片椭圆形，背面被有单毛、2—3叉毛及星状毛，花蕾期更密；花瓣白色、匙形。长角果线形，下垂。种子椭圆形，褐色。花期6—9月，果期7—10月。

拍摄地点

大庆市肇州县托古乡苇场。

应用价值

果实入药，可清热、解毒、消肿，治疮痈肿毒。

十字花科 Cruciferae

匙荠属 *Bunias*

匙荠

拉丁名

Bunias cochlearioides Murr.

基本形态特征

一年生草本。茎自基部分枝，无毛，或仅于花期，花序轴有稀疏而细弱的单毛。叶倒披针形或长圆形。总状花序稠密，果期伸长；萼片展开，长圆形；花瓣白色，宽椭圆形，具短爪；花丝宽扁，上窄下宽。短角果卵形，有4个钝棱角，顶端锐尖。花期6—7月。

拍摄地点

大庆市林甸县草原。

应用价值

观赏植物，可用于城市绿化。

十字花科 Cruciferae

荠属 *Capsella*

荠菜

拉丁名

Capsella bursa-pastoris (L.) Medic.

别　名

荠，菱角菜。

基本形态特征

一年或二年生草本。茎直立，单一或从下部分枝。基生叶丛生呈莲座状；茎生叶窄披针形或披针形，基部箭形，抱茎，边缘有缺刻或锯齿。总状花序顶生及腋生；萼片长圆形；花瓣白色，卵形，有短爪。短角果倒三角形或倒心状三角形。种子2行，长椭圆形，浅褐色。花果期5—7月。

拍摄地点

大庆市萨尔图区草原。

应用价值

全草入药，有利尿、止血、清热、明目、消积功效；茎叶可当蔬菜食用；种子含油20%—30%，属干性油，供制油漆及肥皂用。

十字花科 Cruciferae

花旗竿属 *Dontostemon*

小花花旗竿

拉丁名

Dontostemon micranthus C. A. Mey.

基本形态特征

一年生或二年生草本。茎生叶密集着生，线形。总状花序顶生；果期伸长，花多数，主轴被弯曲柔毛；花小；花梗细；花瓣淡紫色或白色，线状长椭圆形。长角果近圆柱形，果梗斜上开展；花柱极短，柱头稍膨大；果瓣稍隆起呈小丘状，有明显中脉。种子椭圆形。花果期6—8月。

拍摄地点

大庆市红岗区草原。

应用价值

具有观赏价值，可应用于园林布景。

十字花科 Cruciferae

葶苈属 *Draba*

葶苈

拉丁名

Draba nemorosa L.

基本形态特征

一年生草本。茎直立。基生叶呈莲座状，长倒卵状矩圆形，顶端稍钝，边缘有疏细齿或近于全缘；茎生叶卵形或卵状披针形，顶端尖，基部楔形或渐圆，边缘有细齿，无柄，上面被单毛和叉状毛，下面以星状毛为多。总状花序；萼片椭圆形，背面略有毛；花瓣黄色，花期后成白色，倒楔形。短角果矩圆形或椭圆形。种子椭圆形。花期3—4月上旬，果期5—6月。

拍摄地点

大庆市大同区草原。

应用价值

全草治食物中毒、消化不良、痔疮、子宫出血；种子含油，可供制皂工业用。

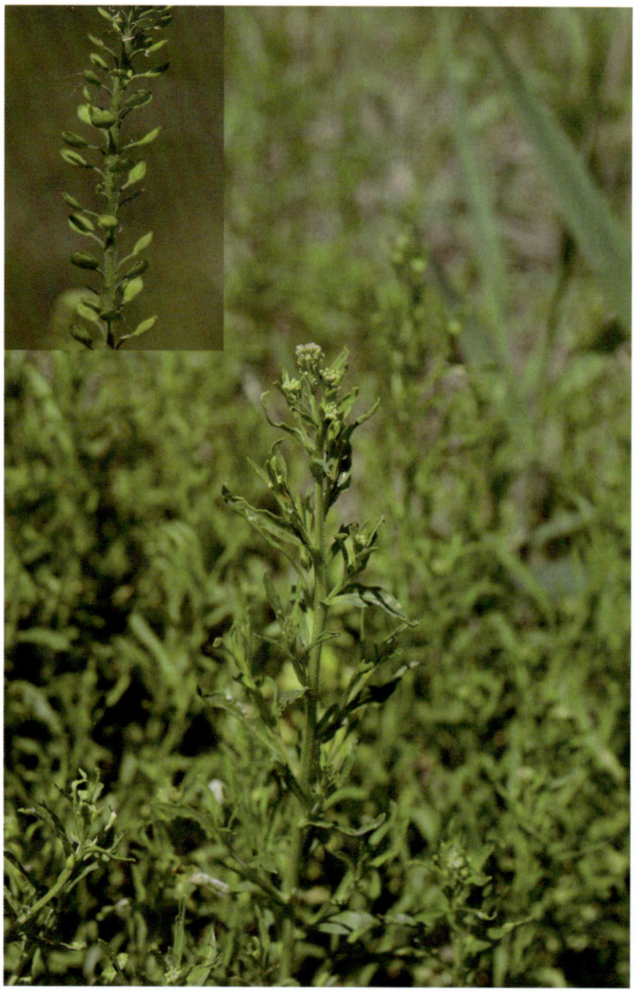

十字花科 Cruciferae

独行菜属 *Lepidium*

独行菜

拉丁名

Lepidium apetalum Willd.

别　名

腺独行菜，腺茎独行菜。

基本形态特征

一年或二年生草本。茎直立，有分枝，有乳头状短毛。基生叶窄匙形，羽状浅裂或深裂；茎上部叶条形，有疏齿或全缘。总状花序；萼片早落，卵形，外面有柔毛；花瓣不存或退化成丝状，比萼片短。短角果近圆形。种子椭圆形，棕红色。花果期5—7月。

拍摄地点

大庆市大同区草原。

应用价值

嫩叶可当作野菜食用；全草及种子供药用，有利尿、止咳、化痰功效；种子亦可榨油。

十字花科 Cruciferae

蔊菜属 *Rorippa*

球果蔊菜

拉丁名

Rorippa globosa (Turcz.) Thell.

别　名

风花菜，圆果蔊菜，银条菜。

基本形态特征

一或二年生直立粗壮草本，植株无毛或近无毛。茎单一，基部木质化，下部被白色长毛，上部近无毛分枝或不分枝。茎下部叶具柄，上部叶无柄，叶片长椭圆形。总状花序多数，呈圆锥花序式排列，果期伸长。花小，黄色。长角果线形。花期4—6月，果期7—9月。

拍摄地点

大庆市林甸县草原。

应用价值

可当优质饲草。

十字花科 Cruciferae

蔊菜属 *Rorippa*

风花菜

拉丁名

Rorippa islandica (Oed.) Borb.

别　名

沼生蔊菜。

基本形态特征

一或二年生草本。光滑无毛或稀有单毛。茎直立，单一成分枝，下部常带紫色，具棱。基生叶多数，具柄；叶片羽状深裂或大头羽裂，长圆形至狭长圆形。总状花序顶生或腋生，果期伸长，花小，多数，具纤细花梗；花瓣长倒卵形至楔形。短角果椭圆形或近圆柱形。种子近卵形而扁。花期5—7月，果期6—8月。

拍摄地点

大庆市林甸县草原。

应用价值

药用，可清热利尿、解毒、消肿，治黄疸、水肿、淋病、咽痛、痈肿、烫火伤；可作为优质牧草；种子可制肥皂。

景天科 Crassulaceae

景天属 *Sedum*

费菜

拉丁名

Sedum aizoon L.

别　名

四季还阳，景天三七，六月淋，收丹皮，石菜兰，九莲花，长生景天，乳毛土三七，多花景天三七，还阳草，金不换，豆包还阳，豆瓣还阳，六月还阳。

基本形态特征

多年生草本。根状茎短，粗茎，直立，无毛，不分枝。叶互生，狭披针形、椭圆状披针形至卵状倒披针形，先端渐尖，基部楔形，边缘有不整齐的锯齿；叶坚实，近革质。聚伞花序有多花；花瓣5，黄色，长圆形至椭圆状披针形。种子椭圆形。花期6—7月，果期8—9月。

拍摄地点

大庆市龙凤区草原。

应用价值

全草入药，有止血散瘀、安神镇痛之效。

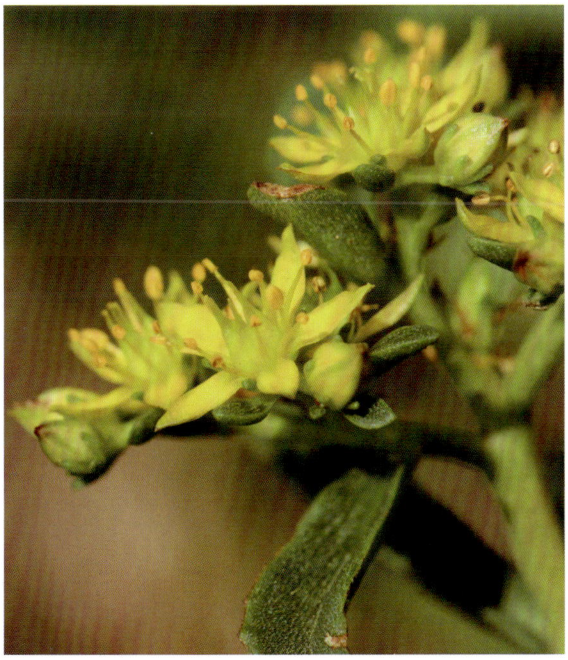

虎耳草科 Saxifragaceae

扯根菜属 *Penthorum*

扯根菜

拉丁名

Penthorum chinense Pursh.

别　名

干黄草，水杨柳，水泽兰。

基本形态特征

多年生草本。根状茎分枝；茎不分枝，稀基部分枝，具多数叶，中下部无毛，上部疏生黑褐色腺毛。叶互生，披针形至狭披针形。聚伞花序具多花；花序分枝与花梗均被褐色腺毛；苞片小，卵形至狭卵形；花小，黄白色。蒴果红紫色；种子多数。花果期7—10月。

拍摄地点

大庆市龙凤区林下。

应用价值

全草入药，可利水除湿、散瘀止痛。主治黄疸、水肿、跌打损伤等；嫩苗可食用。

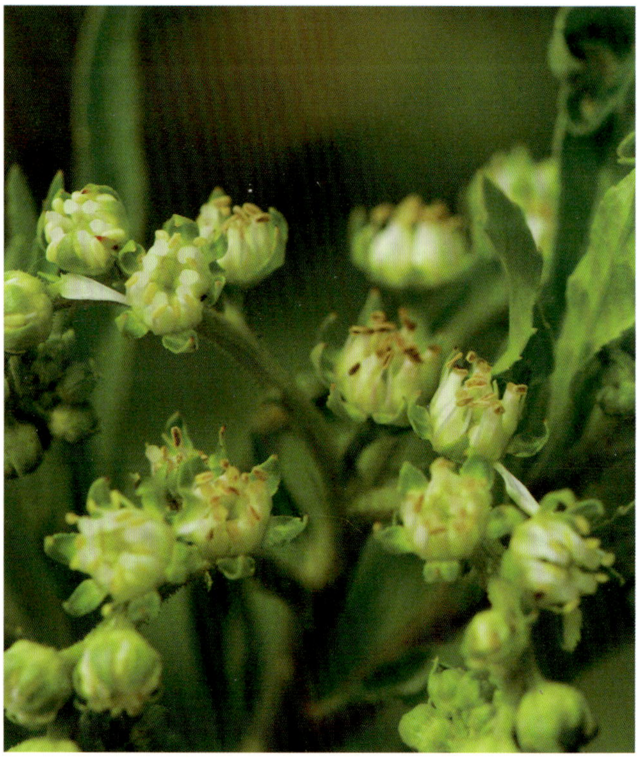

蔷薇科 Rosaceae

地蔷薇属 *Chamaerhodos*

地蔷薇

拉丁名

Chamaerhodos erecta (L.) Bunge

别　名

追风蒿。

基本形态特征

一年生或二年生草本。具长柔毛及腺毛；根木质；茎直立或弧曲上升，单一，少有多茎丛生，基部稍木质化，常在上部分枝。基生叶密生，莲座状。聚伞花序顶生，具多花，二歧分枝形成圆锥花序；花梗细；萼筒倒圆锥形或钟形，萼片卵状披针形；花瓣倒卵形，白色或粉红色，无毛，先端圆钝，基部有短爪。瘦果卵形或长圆形。花果期6—8月。

拍摄地点

大庆市龙凤区草原。

应用价值

全草供药用，有祛风湿功效，主治风湿性关节炎。

蔷薇科 Rosaceae

草莓属 *Fragaria*

东方草莓

拉丁名

Fragaria orientalis Losina-Lozinsk.

别　名

干黄草，水杨柳，水泽兰。

基本形态特征

多年生草本。茎被开展柔毛。三出复叶，倒卵形或菱状卵形，顶端圆钝或急尖，顶生小叶基部楔形，侧生小叶基部偏斜，边缘有缺刻状锯齿；叶柄被开展柔毛，有时上部较密。花序聚伞状。花两性，稀单性；萼片卵圆披针形，顶端尾尖，副萼片线状披针形；花瓣白色。聚合果半圆形，成熟后紫红色；瘦果卵形。花期5—7月，果期7—9月。

拍摄地点

大庆市红岗区草原。

应用价值

可生食或制果酒、果酱；可治血热性化脓、肺胃瘀血。止渴生津，祛痰。

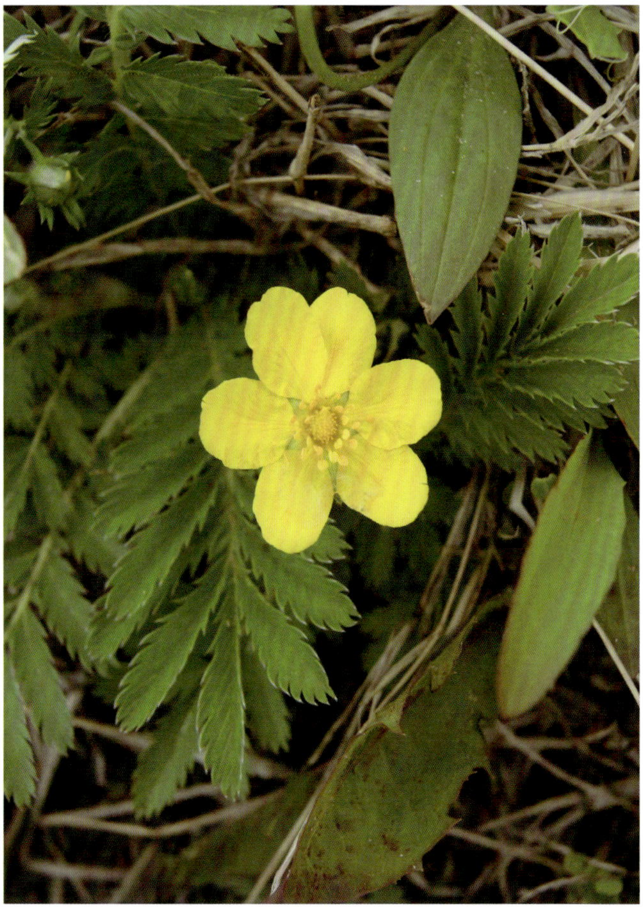

蔷薇科 Rosaceae

委陵菜属 *Potentilla*

鹅绒委陵菜

拉丁名

Potentilla anserina L.

别　名

蕨麻，人参果，蕨麻委陵菜。

基本形态特征

多年生草本。茎匍匐，在节上生根，外被伏生或半开展疏柔毛或脱落几无毛。基生叶为羽状复叶。小叶对生或互生；小叶片为椭圆形。单花腋生；花梗被疏柔毛；萼片三角卵形；花瓣鲜黄色。花期5—7月。

拍摄地点

大庆市红岗区草原。

应用价值

根部膨大，含丰富淀粉，治贫血和营养不良等，又可煮食或酿酒；全株含鞣质，可提制栲胶，并可入药，用作收敛剂；茎、叶可提取黄色染料。

蔷薇科 Rosaceae

委陵菜属 *Potentilla*

蔓委陵菜

拉丁名

Potentilla flagellaris Schlecht

别　名

匍枝委陵菜，鸡儿头苗。

基本形态特征

多年生匍匐草本。匍匐枝被伏生短柔毛或疏柔毛。基生叶掌状5出复叶，叶柄被伏生柔毛或疏柔毛；小叶片披针形，卵状披针形或长椭圆形。单花与叶对生，花梗被短柔毛；萼片卵状长圆形；花瓣黄色，顶端微凹或圆钝，比萼片稍长。成熟瘦果长圆状卵形，表面呈泡状突起。花果期5—9月。

拍摄地点

大庆市龙凤区草原。

应用价值

全草入药，可清热解毒；嫩苗可食，也可做饲料。

蔷薇科 Rosaceae

委陵菜属 *Potentilla*

假翻白委陵菜

拉丁名

Potentilla pannifolia Liou et C. Y. Li

基本形态特征

多年生草本。根粗壮，纺锤形。基生叶密被灰白色簇生绒毛；羽状复叶，小叶通常7枚，长圆状披针形或披针形，基部广楔形或歪楔形，先端微尖，边缘有稍开展的粗大锯齿，表面绿色，无毛，背面密被灰白色紧贴于叶背面的厚毡毛。花期5—6月，果期6—7月。

拍摄地点

大庆市龙凤区草原。

应用价值

矮小草本植物，可用作园林观赏。

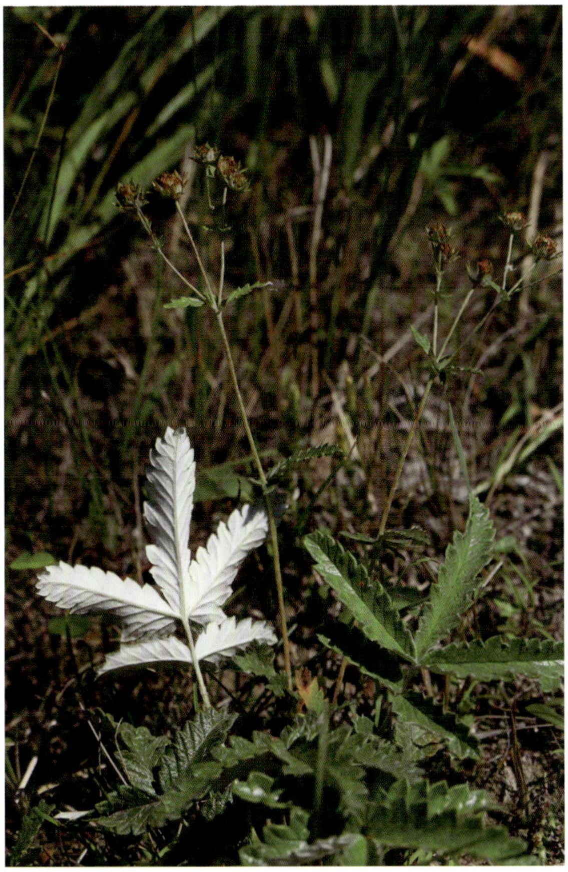

蔷薇科 Rosaceae

委陵菜属 *Potentilla*

轮叶委陵菜

拉丁名

Potentilla verticillaris Willd.

基本形态特征

多年生草本。花茎丛生，被白色绒毛及长柔毛。基生叶托叶膜质，褐色，外面密被白色长柔毛；茎生叶托叶卵状披针形，全缘，下面密被白色绒毛。聚伞花序疏散；萼片长卵形；花瓣黄色，宽倒卵形。瘦果光滑。花果期5—8月。

拍摄地点

大庆市红岗区草原。

应用价值

可用于园林绿化。

蔷薇科 Rosaceae

委陵菜属 *Potentilla*

委陵菜

拉丁名

Potentilla chinensis Ser.

别　名

一白草，生血丹，扑地虎，五虎噙血，天青地白。

基本形态特征

多年生草本。花茎直立或上升，被稀疏短柔毛及白色绢状长柔毛。基生叶为奇数羽状复叶，基生叶托叶近膜质，褐色，外面被白色绢状长柔毛。伞房状聚伞花序；萼片三角卵形，顶端急尖，副萼片带形或披针形，顶端尖，外面被短柔毛及少数绢状柔毛；花瓣黄色，宽倒卵形。瘦果呈头状。花果期4—10月。

拍摄地点

大庆市大同区草原。

应用价值

全草入药，能清热解毒、凉血、止痢；根含鞣质，可提制栲胶；嫩苗可食并可做猪饲料。

蔷薇科 Rosaceae

委陵菜属 *Potentilla*

大头委陵菜

拉丁名

Potentilla conferta Bunge

别　名

大萼委陵菜，白毛委陵菜。

基本形态特征

多年生草本。花茎直立或上升，外被短柔毛及开展白色绢状长柔毛。基生叶为羽状复叶，叶柄被短柔毛及开展白色绢状长柔毛；小叶片对生或互生，披针形或长椭圆形。聚伞花序多花至少花，春季时常密集于顶端，夏秋时花梗常伸长疏散；萼片三角卵形或椭圆卵形；花瓣黄色，倒卵形，顶端圆钝或微凹，比萼片稍长。瘦果卵形或半球形。花期6—9月。

拍摄地点

大庆市大同区草原。

应用价值

根入药，有清热、凉血、止血之功效。

蔷薇科 Rosaceae

委陵菜属 *Potentilla*

伏委陵菜

拉丁名

Potentilla paradoxa L.

基本形态特征

一年生草本。茎多头，平卧、斜升或近直立，上部分枝。羽状复叶，小叶无柄，托叶膜质，顶生小叶常与叶轴相连呈深裂状，顶生小叶倒卵形，侧生小叶长圆形或倒卵状长圆形；花单生于叶腋；花梗密被柔毛；萼片三角形，副萼片卵形，与萼片近等长；花瓣黄色，倒卵形，先端微缺或钝。瘦果长圆形，微皱。花期5—8月，果期6—9月。

拍摄地点

大庆市大同区草原。

应用价值

地上部分入药，有补肾阴、止血痢、外伤止血等作用；可做家畜饲料。

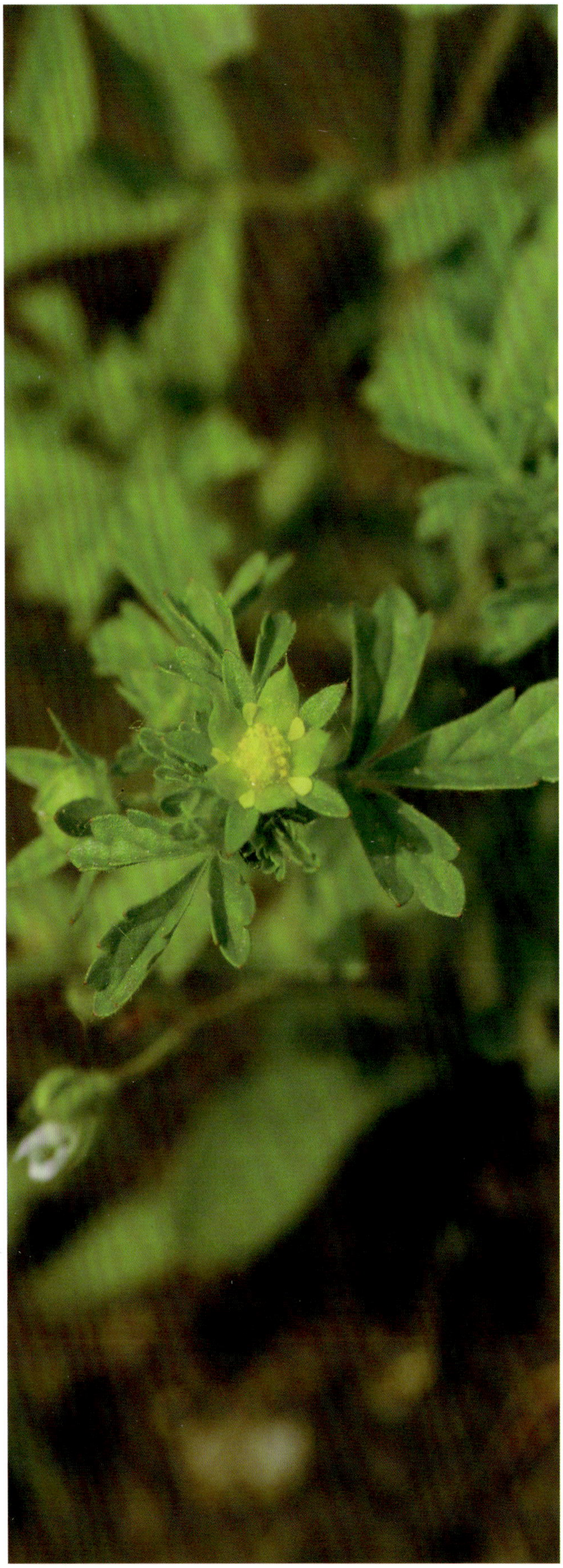

蔷薇科 Rosaceae

委陵菜属 *Potentilla*

东北委陵菜

拉丁名

Potentilla supina L. var. *ternata* Peterm.

基本形态特征

一年生或二年生草本。植株分枝极多，矮小铺地或微上升，叉状分枝，被疏柔毛或脱落几无毛。基生叶为羽状复叶，叶柄被疏柔毛或脱落几无毛；小叶互生或对生，无柄，小叶片长圆形或倒卵状长圆形。花茎上多叶，下部花自叶腋生，顶端呈伞房状聚伞花序；萼片三角卵形；花瓣黄色。瘦果长圆形。花果期3—10月。

拍摄地点

大庆市龙凤区草原。

应用价值

观赏植物，可用于园林绿化。

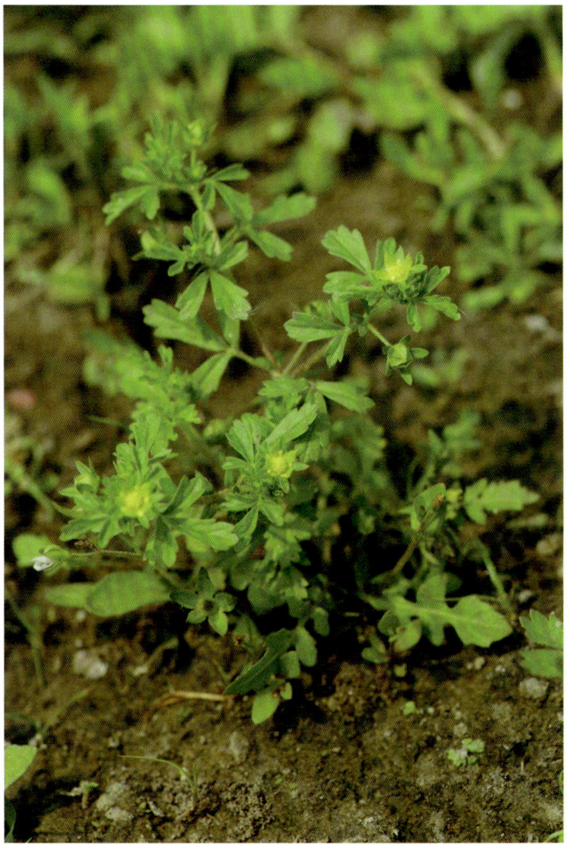

蔷薇科 Rosaceae

委陵菜属 *Potentilla*

莓叶委陵菜

拉丁名

Potentilla fragarioides L.

别　名

雉子筵，毛猴子。

基本形态特征

多年生草本。花茎多数，丛生，被开展长柔毛。基生叶为羽状复叶，叶柄被开展疏柔毛，小叶有短柄或几无柄；小叶片倒卵形、椭圆形或长椭圆形。伞房状聚伞花序顶生，多花，松散，花梗纤细，外被疏柔毛；萼片三角卵形；花瓣黄色，倒卵形，顶端圆钝或微凹。成熟瘦果近肾形。花期4—6月，果期6—8月。

拍摄地点

大庆市龙凤区草原。

应用价值

根入药，具有补阴虚、止血的功效，常用于疝气、月经过多、功能性子宫出血、产后出血等病症。

蔷薇科 Rosaceae

委陵菜属 *Potentilla*

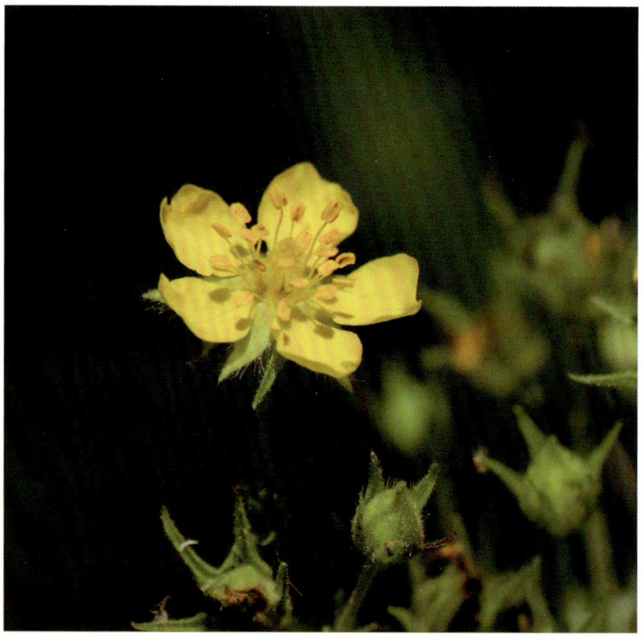

粘委陵菜

拉丁名

Potentilla viscosa J. Don.

基本形态特征

多年生草本。茎直立或微升，被短柔毛腺体及长柔毛。基生叶叶柄被腺体、短柔毛及长柔毛；茎生叶托，叶草质，绿色，全缘或分裂。伞房花序集生于花茎顶端。花少，花梗短；萼片三角披针形。瘦果近肾形或卵球形。花果期7—9月。

拍摄地点

大庆市龙凤区草原。

蔷薇科 Rosaceae

地榆属 *Sanguisorba*

直穗粉花地榆

拉丁名

Sanguisorba grandiflora (Maxim.) Makino

基本形态特征

多年生草本。茎直立，上部分枝。基生叶有长柄，小叶有短柄。穗状花序圆柱状，直立，先从顶端开花，花两性；萼片淡紫红色、粉红色或紫红色，有时稍带白色，卵圆形或椭圆形；苞片长椭圆形。瘦果近球形或倒卵形，具短翅。花期7—8月，果期8—9月。

拍摄地点

大庆市龙凤区草原。

应用价值

观赏植物，可用于园林布景。

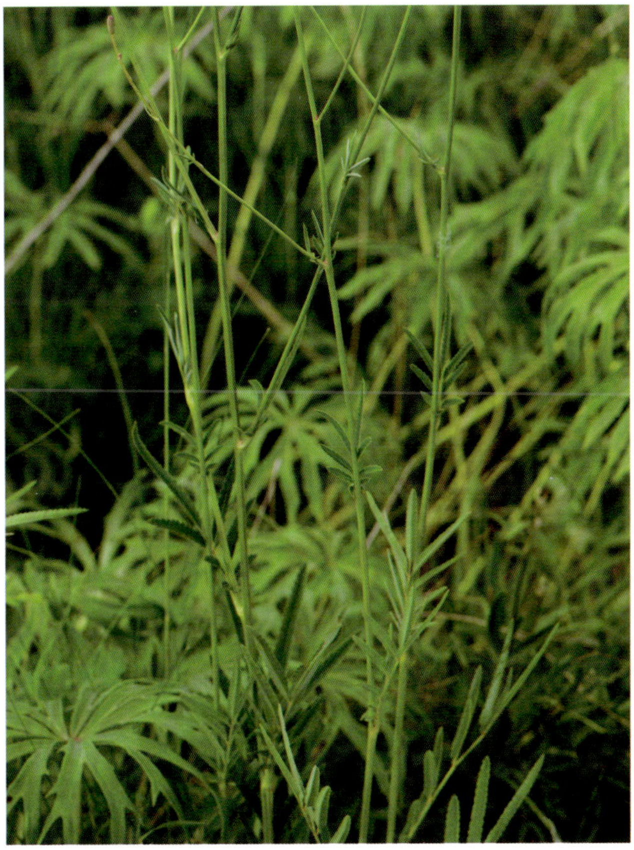

蔷薇科 Rosaceae

李属 *Prunus*

稠李

拉丁名

Prunus padus L.

别　名

臭耳子，臭李子。

基本形态特征

落叶乔木。树皮粗糙而多斑纹；老枝紫褐色或灰褐色，有浅色皮孔；小枝红褐色或带黄褐色，幼时被短绒毛，以后脱落无毛；冬芽卵圆形，无毛或仅边缘有毛。叶片椭圆形、长圆形或长圆倒卵形。总状花序具有多花；萼筒钟状，比萼片稍长；萼片三角状卵形；花瓣白色，长圆形。核果卵球形。果期5—10月。

拍摄地点

大庆市龙凤区草原。

应用价值

观赏乔木，用于园林布景。

豆科 Leguminosae

黄耆属 *Astragalus*

斜茎黄耆

拉丁名

Astragalus adsurgens Pall.

别　名

直立黄耆，沙打旺。

基本形态特征

多年生草本。茎直立或斜上。羽状复叶，托叶三角形；小叶长圆形、近椭圆形或狭长圆形。总状花序长圆柱状、穗状、稀近头状，生多数花；苞片狭披针形至三角形；花萼管状钟形；花冠近蓝色或红紫色；旗瓣倒卵圆形。荚果长圆形，假2室。花期6—8月，果期8—10月。

拍摄地点

大庆市大同区草原。

应用价值

种子入药，为强壮剂，治神经衰弱；又为优良牧草和保土植物。

豆科 Leguminosae

黄耆属 *Astragalus*

细叶黄耆

拉丁名

Astragalus melilotoides Pall. var. *tenuis* Ledeb.

基本形态特征

多年生草本。茎直立或斜生，多分枝，被白色短柔毛或近无毛。羽状复叶，叶柄与叶轴近等长；托叶离生，三角形或披针形。总状花序生多数花，稀疏；总花梗远较叶长；花小；苞片小，披针形；花冠白色或带粉红色；旗瓣近圆形或宽椭圆形。荚果宽倒卵状球形或椭圆形。种子肾形，暗褐色。花期7—8月，果期8—9月。

拍摄地点

大庆市红岗区草原。

应用价值

优质牧草，可用作饲料。

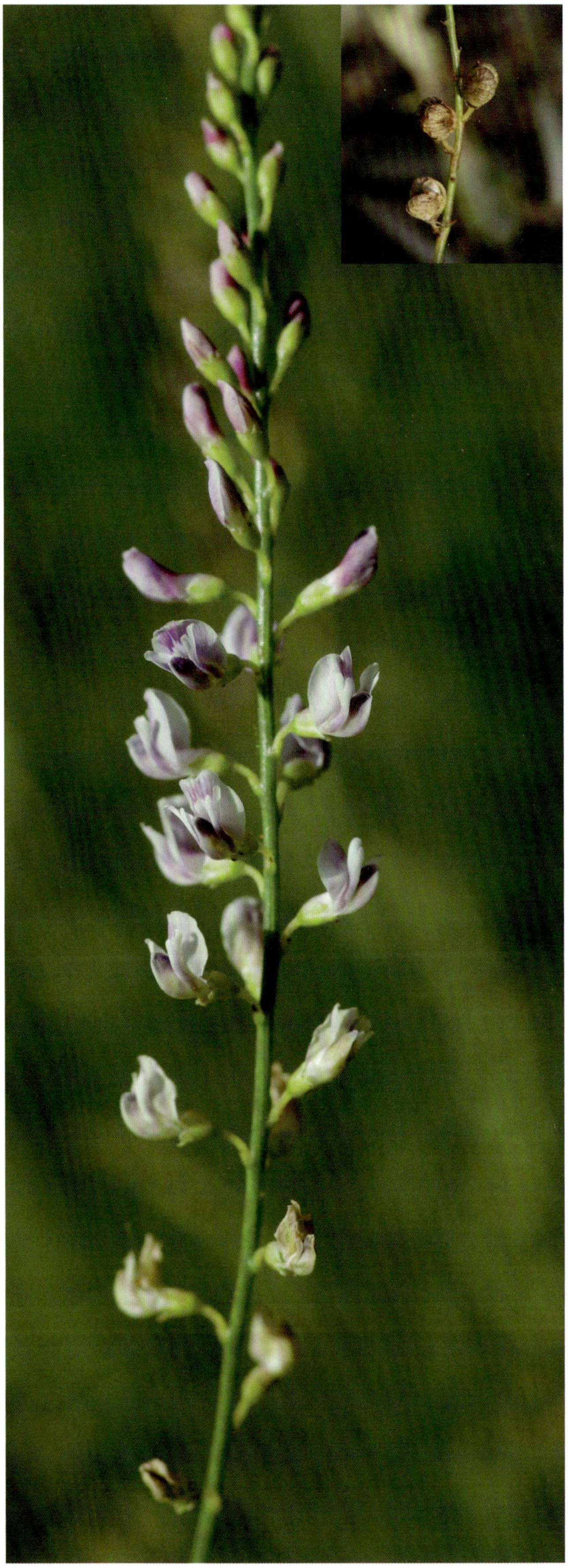

豆科 Leguminosae

黄耆属 *Astragalus*

黄耆

拉丁名

Astragalus membranaceus Bunge

别　名

膜荚黄耆。

基本形态特征

多年生草本。茎直立，上部多分枝，有细棱，被白色柔毛。羽状复叶；托叶离生，卵形、披针形或线状披针形；小叶椭圆形或卵状披针形。总状花序稍密；总花梗与叶近等长或较长，至果期显著伸长；苞片线状披针形；花冠淡黄色；旗瓣倒卵形。荚果薄膜质，膨胀，卵状长圆形。花期6—8月，果期7—9月。

拍摄地点

大庆市大同区草原。

应用价值

药用，有增强机体免疫力、保肝、利尿、抗衰老、抗应激、降压和较广泛的抗菌作用。

豆科 Leguminosae

锦鸡儿属 *Caragana*

树锦鸡儿

拉丁名

Caragana arborescens (Amm.) Lam.

别　名

蒙古锦鸡儿，陶日格—哈日嘎纳。

基本形态特征

小乔木或大灌木。老枝深灰色，小枝有棱，幼时被柔毛，绿色或黄褐色。羽状复叶，托叶针刺状；小叶长圆状倒卵形、狭倒卵形或椭圆形；花萼钟状，萼齿短宽；花冠黄色；旗瓣菱状宽卵形，宽与长近相等，先端圆钝，具短瓣柄，翼瓣长圆形，较旗瓣稍长。荚果圆筒形。花期5—6月，果期8—9月。

拍摄地点

大庆市龙凤区林下。

应用价值

庭园观赏及绿化用；种子含油率10%—14%，可做肥皂及油漆用。

豆科 Leguminosae

甘草属 *Glycyrrhiza*

甘草

拉丁名

Glycyrrhiza uralensis Fisch.

别　名

国老，甜草，甜根子。

基本形态特征

多年生草本。茎直立，多分枝，密被鳞片状腺点、刺毛状腺体及白色或褐色的绒毛；托叶三角状披针形，两面密被白色短柔毛。总状花序腋生；总花梗短于叶，密生褐色的鳞片状腺点和短柔毛；苞片长圆状披针形；花萼钟状；花冠紫色。荚果弯曲镰刀状或环状。种子圆形或肾形。花期6—8月，果期7—10月。

拍摄地点

大庆市红岗区草原。

应用价值

根和根状茎供药用，可清热解毒、祛痰止咳。

豆科 Leguminosae

甘草属 *Glycyrrhiza*

刺果甘草

拉丁名

Glycyrrhiza pallidiflora Maxim.

基本形态特征

多年生草本。根和根状茎无甜味。茎直立，密被黄褐色鳞片状腺点，几无毛。叶柄无毛，密生腺点；小叶披针形或卵状披针形。总状花序腋生，花密集成球状；总花梗短于叶，密生短柔毛及黄色鳞片状腺点；苞片卵状披针形；花萼钟状；花冠淡紫色、紫色或淡紫红色。荚果卵圆形。种子圆肾形。花期6—7月，果期7—9月。

拍摄地点

大庆市龙凤区湿地。

应用价值

果实药用，用于乳汁缺少；根入药，可杀虫；茎叶做绿肥。

豆科 Leguminosae

米口袋属 *Gueldenstaedtia*

米口袋

拉丁名

Gueldenstaedtia verna (Georgi) Boriss.

别　名

地丁，米布袋。

基本形态特征

多年生草本。主根直下；分茎具宿存托叶。托叶三角形，基部合生；叶柄具沟，被白色疏柔毛；小叶卵状椭圆形。伞形花序；苞片长三角形；花萼钟状；花冠紫红色或青紫色。荚果长圆筒状。种子圆肾形。花期5月，果期6—7月。

拍摄地点

大庆市肇州县托古乡林场。

应用价值

药用，有清热解毒之功效，用于疔疮痈疽、肠痈。

豆科 Leguminosae

岩黄耆属 *Hedysarum*

木岩黄耆

拉丁名

Hedysarum fruticosum Pall. var. *lignosum* (Trautv.) Kitag.

别　名

花拉秸，他日波勒吉。

基本形态特征

半灌木。多分枝，幼枝被灰白色绒毛；老枝常无毛，外皮灰白色。托叶卵状披针形；小叶片通常椭圆形或长圆形。总状花序腋生；苞片三角状卵形；花萼钟状，被短柔毛。种子肾形。花期7—8月，果期8—9月。

拍摄地点

大庆市杜尔伯特蒙古族自治县草原。

应用价值

一种良好的饲用植物，可用作饲料。

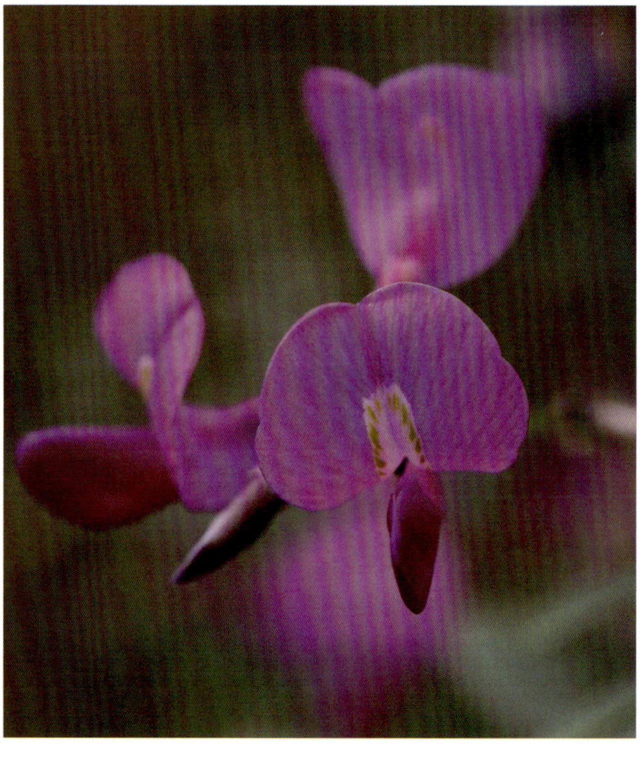

豆科 Leguminosae

鸡眼草属 *Kummerowia*

短萼鸡眼草

拉丁名

Kummerowia stipulacea (Maxim.) Makino

别　名

长萼鸡眼草，掐不齐，野首蓿草，圆叶鸡眼草。

基本形态特征

一年生草本。茎平伏，上升或直立，多分枝，茎和枝上被疏生向上的白毛。叶为三出羽状复叶；托叶卵形，边缘通常无毛。花常1—2朵腋生；花梗有毛；花萼膜质；花冠上部暗紫色；旗瓣椭圆形，较龙骨瓣短；翼瓣狭披针形，与旗瓣近等长；龙骨瓣钝，上面有暗紫色斑点。荚果椭圆形或卵形。花期7—8月，果期8—10月。

拍摄地点

大庆市龙凤区沙地。

应用价值

全草药用，能清热解毒、健脾利湿；又可做饲料及绿肥。

豆科 Leguminosae

山黧豆属 *Lathyrus*

五脉山黧豆

拉丁名

Lathyrus quinquenervius (Miq.) Litv.

别　名

五脉香豌豆。

基本形态特征

多年生草本。根状茎横走。茎通常直立。偶数羽状复叶，叶轴末端具不分枝的卷须，下部叶的卷须短，成针刺状；托叶披针形到线形。总状花序腋生；萼钟状；花紫蓝色或紫色；旗瓣近圆形，先端微缺，瓣柄与瓣片约等长；翼瓣狭倒卵形，与旗瓣等长或稍短，具耳及线形瓣柄；龙骨瓣卵形。荚果线形。花期5—7月，果期8—9月。

拍摄地点

大庆市让胡路区星火牧场。

应用价值

可制优良干草，各种家畜均喜食。

豆科 Leguminosae

胡枝子属 *Lespedeza*

兴安胡枝子

拉丁名

Lespedeza daurica (Laxm.) Schindl.

别　名

达呼尔胡枝子，毛果胡枝子。

基本形态特征

小灌木。茎通常稍斜升，单一或数个簇生。羽状复叶，托叶线形；小叶长圆形或狭长圆形。总花梗密生短柔毛，花萼5深裂，外面被白毛，萼裂片披针形；花冠白色或黄白色；旗瓣长圆形，中央稍带紫色；翼瓣长圆形；龙骨瓣比翼瓣长。荚果小，倒卵形或长倒卵形。花期7—8月，果期9—10月。

拍摄地点

大庆市红岗区草原。

应用价值

为优良的饲用植物，幼嫩枝条各种家畜均喜食，亦可做绿肥。

豆科 Leguminosae

胡枝子属 *Lespedeza*

尖叶胡枝子

拉丁名

Lespedeza juncea (l. f.) Pers.

基本形态特征

小灌木。全株被伏毛，分枝或上部分枝呈扫帚状。托叶线形；小叶狭长圆形、线状长圆形或倒披针形。总状花序腋生；苞片及小苞片卵状披针形或狭披针形；花萼狭钟形，外面被白色伏毛；花冠白色或淡黄色；旗瓣基部带紫斑，旗瓣与龙骨瓣、翼瓣近等长，有时旗瓣较短。荚果宽卵形。花期7—9月，果期9—10月。

拍摄地点

大庆市大同区草原。

应用价值

可做饲料。

豆科 Leguminosae

苜蓿属 *Medicago*

苜蓿

拉丁名

Medicago sativa L.

别　名

紫苜蓿，紫花苜蓿。

基本形态特征

多年生草本。茎直立或匍匐，光滑。羽状三出复叶；托叶大，卵状披针形；小叶倒卵状长圆形。花序总状腋生；苞片线状锥形；萼钟形；花冠各色：淡黄、深蓝至暗紫色；花瓣均具长瓣柄，旗瓣长圆形，先端微凹，明显较翼瓣和龙骨瓣长；翼瓣较龙骨瓣稍长。荚果螺旋状。种子肾形。花期5—7月，果期6—8月。

拍摄地点

大庆市让胡路区星火牧场。

应用价值

苜蓿是各种畜禽均喜食的优质牧草，营养价值很高，不论青饲、放牧或是调制干草和青贮，适口性均好，被誉为“牧草之王”； 全草治肠炎，石淋，小便不利，浮肿，黄疸，夜盲等。

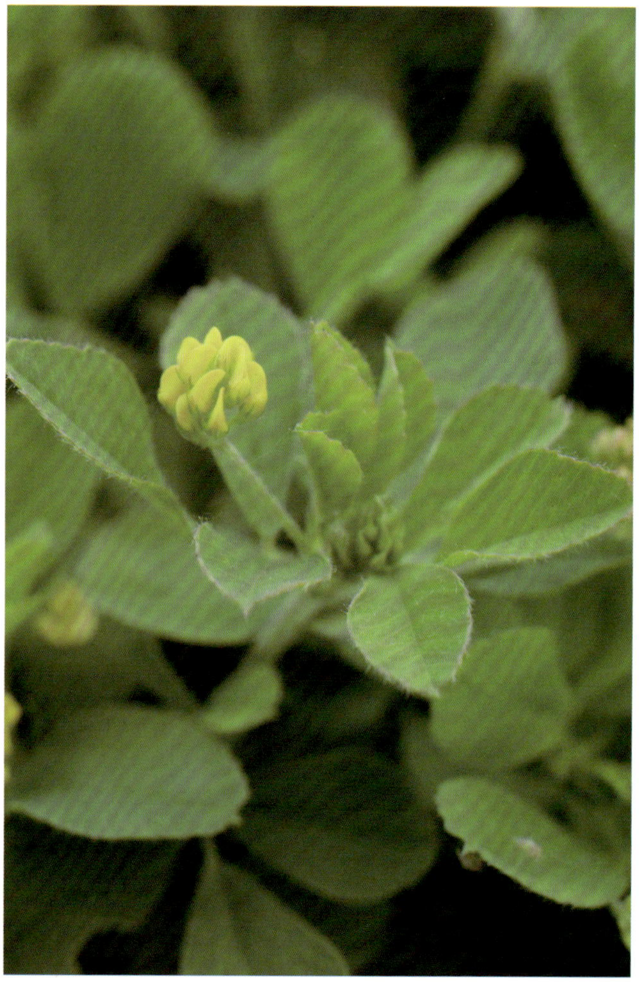

豆科 Leguminosae

苜蓿属 *Medicago*

天蓝苜蓿

拉丁名

Medicago lupulina L.

别　名

天蓝。

基本形态特征

一、二年生或多年生草本。茎平卧或上升，多分枝，叶茂盛。羽状三出复叶；托叶卵状披针形。花序小头状；总花梗细，挺直，比叶长，密被贴伏柔毛；苞片刺毛状，甚小；萼钟形；花冠黄色；旗瓣近圆形，顶端微凹；翼瓣和龙骨瓣近等长，均比旗瓣短。荚果肾形。种子卵形，褐色，平滑。花期7—9月，果期8—10月。

拍摄地点

大庆市让胡路区星火牧场。

应用价值

全草治黄疸，肝炎，坐骨神经痛，风湿筋骨疼痛，咳喘，痔血等；可作为牲畜的优质饲草。

豆科 Leguminosae

扁蓿豆属 *Melissitus*

扁蓿豆

拉丁名

Melissitus ruthenica (L.) C.W. Chang

基本形态特征

多年生草本。茎直立或上升，四棱形，基部分枝，丛生，羽状三出复叶；托叶披针形；小叶形状变化很大，长圆状倒披针形、楔形、线形以至卵状长圆形。花序伞形；苞片刺毛状；萼钟形；花冠黄褐色，中央深红色至紫色条纹；旗瓣倒卵状长圆形、倒心形至匙形，先端凹头；翼瓣稍短；龙骨瓣明显短。种子椭圆状卵形。花期6—9月，果期8—10月。

拍摄地点

大庆市大同区草原。

应用价值

优等牧草，适口性好，各种家畜终年均喜食。

豆科 Leguminosae

草木犀属 *Melilotus*

草木犀

拉丁名

Melilotus suaveolens Ledeb.

别　名

辟汗草，黄香草木犀。

基本形态特征

二年生草本。茎直立，多分枝，具纵棱，微被柔毛。羽状三出复叶；托叶镰状线形；叶柄细长；小叶倒卵形、阔卵形、倒披针形至线形。总状花序，腋生，苞片刺毛状；萼钟形；花冠黄色；旗瓣倒卵形，与翼瓣近等长；龙骨瓣稍短或三者均近等长。荚果卵形。种子卵形，黄褐色，平滑。花期5—9月，果期6—10月。

拍摄地点

大庆市萨尔图区草原。

应用价值

全草入药，可治疗狂犬病、久热、毒热；地上部分可用于暑湿胸闷、头痛头昏、恶心呕吐等。

豆科 Leguminosae

草木犀属 *Melilotus*

白花草木犀

拉丁名

Melilotus albus Desr.

基本形态特征

一、二年生草本。茎直立，圆柱形，中空，多分枝，几无毛。羽状三出复叶；托叶尖刺状锥形；叶柄比小叶短，纤细；小叶长圆形或倒披针状长圆形。总状花序；苞片线形；花萼钟形；花冠白色；旗瓣椭圆形，稍长于翼瓣；龙骨瓣与冀瓣等长或稍短。荚果椭圆形至长圆形。种子卵形，棕色，表面具细瘤点。花期5—7月，果期7—9月。

拍摄地点

大庆市龙凤区草原。

应用价值

优良的饲料植物与绿肥。

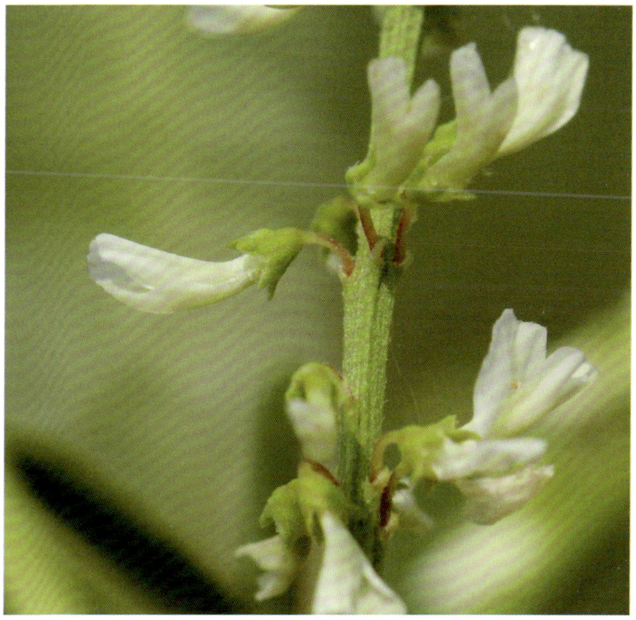

豆科 Leguminosae

棘豆属 *Oxytropis*

山泡泡

拉丁名

Oxytropis leptophylla (Pall.) DC.

别　名

光棘豆，薄叶棘豆。

基本形态特征

多年生草本。全株被灰白毛。茎缩短。羽状复叶；托叶膜质，三角形；小叶线形。2—5花组成短总状花序；苞片披针形或卵状长圆形；花萼膜质，筒状，密被白色长柔毛；萼齿锥形；花冠紫红色或蓝紫色；旗瓣近圆形；翼瓣耳短；瓣柄细长。荚果膜质，卵状球形。花期5—6月，果期6—7月。

拍摄地点

大庆市龙凤区草原。

应用价值

药用可清热解毒，用于秃疮、瘰疬等。

豆科 Leguminosae

棘豆属 *Oxytropis*

多叶棘豆

拉丁名

Oxytropis myriophylla (Pall.) DC.

别　名

狐尾藻棘豆。

基本形态特征

多年生草本。全株被白色或黄色长柔毛。茎缩短，丛生。轮生羽状复叶；托叶膜质，卵状披针形，基部与叶柄贴生，先端分离，密被黄色长柔毛；叶柄与叶轴密被长柔毛；小叶线形、长圆形或披针形。多花组成紧密或较疏松的总状花序；苞片披针形；花萼筒状；花冠淡红紫色。荚果披针状椭圆形。花期5—6月，果期7—8月。

拍摄地点

大庆市红岗区草原。

应用价值

全草入药，有清热解毒、消肿、祛风湿、止血之功效。

豆科 Leguminosae

棘豆属 *Oxytropis*

硬毛棘豆

拉丁名

Oxytropis hirta Bunge

基本形态特征

多年生草本。茎缩短；托叶膜质，于基部与叶柄贴生；叶柄与叶轴被开展硬毛；小叶长圆状披针形。多花组成穗形总状花序；苞片草质，卵状披针形；花萼筒状，被白色柔毛；花冠红紫色或黄白色；旗瓣瓣片卵形；翼瓣上部扩展，先端斜截形，微凹，背部突起；龙骨瓣长16—18毫米。荚果革质，长圆形。花果期5—6月。

拍摄地点

大庆市大同区草原。

应用价值

地上部分入药，用于瘟疫、丹毒、腮腺炎、肠刺痛、脑刺痛、麻疹、创伤、抽筋、鼻出血、月经过多、吐血、咳血等。

豆科 Leguminosae

槐属 *Sophora*

苦参

拉丁名

Sophora flavescens Ait.

别　名

地槐，白茎地骨，山槐，野槐。

基本形态特征

豆科。落叶半灌木。茎具纹棱，幼时疏被柔毛，后无毛。羽状复叶；托叶披针状线形；小叶纸质，形状多变，椭圆形、卵形、披针形至披针状线形。总状花序顶生，花多数，疏或稍密；苞片线形；花冠比花萼长1倍，白色或淡黄色；旗瓣倒卵状匙形；翼瓣单侧生；龙骨瓣与翼瓣相似，稍宽。种子长卵形。花期6—8月，果期7—10月。

拍摄地点

大庆市龙凤区草原。

应用价值

根入药，有清热利湿、抗菌消炎、健胃驱虫之效，常用于治疗皮肤瘙痒、神经衰弱、消化不良及便秘等疾病；种子可制农药；茎皮纤维可织麻袋。

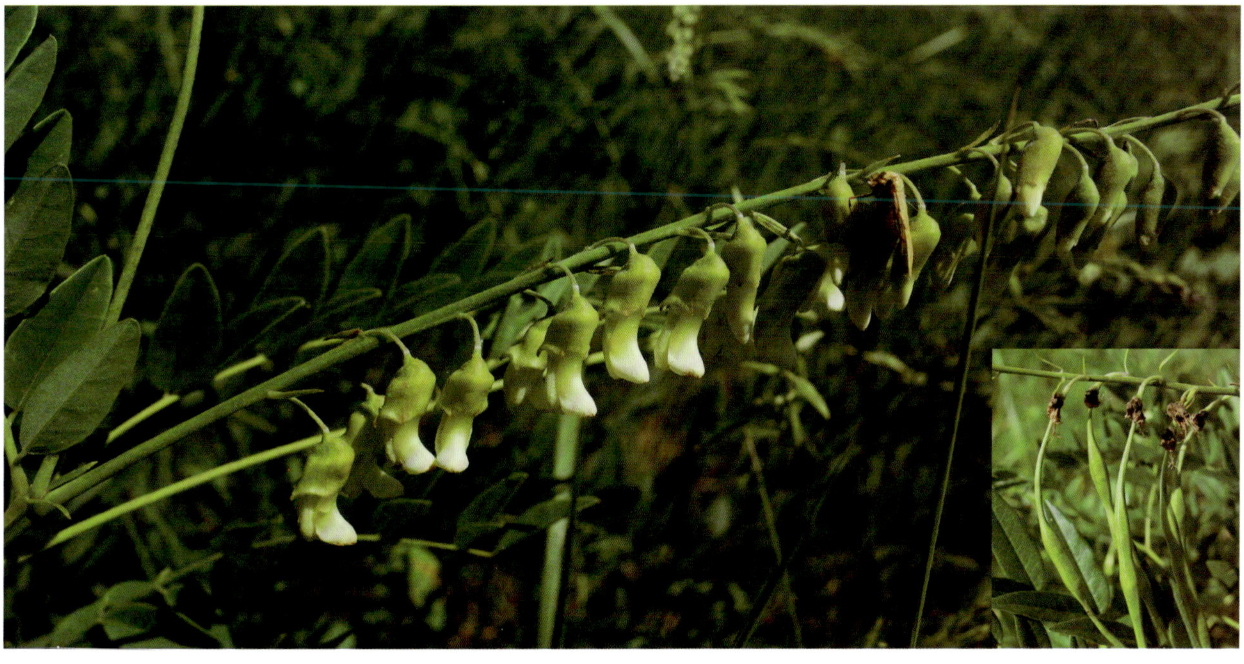

豆科 Leguminosae

野决明属 *Thermopsis*

牧马豆

拉丁名

Thermopsis lanceolata R. Br.

别　名

披针叶野决明，披针叶黄华。

基本形态特征

多年生草本。茎直立，分枝或单一，具沟棱，被黄白色贴伏或伸展柔毛。3小叶；托叶卵状披针形；小叶狭长圆形、倒披针形。总状花序顶生；苞片线状卵形或卵形；花萼钟形，密被毛，背部稍呈囊状隆起。花冠黄色；旗瓣近圆形；翼瓣先端有狭窄头；龙骨瓣宽为翼瓣的1.5—2倍。荚果线形。种子圆肾形。花期5—7月，果期6—10月。

拍摄地点

大庆市让胡路区星火牧场。

应用价值

全草入药，可祛痰止咳。

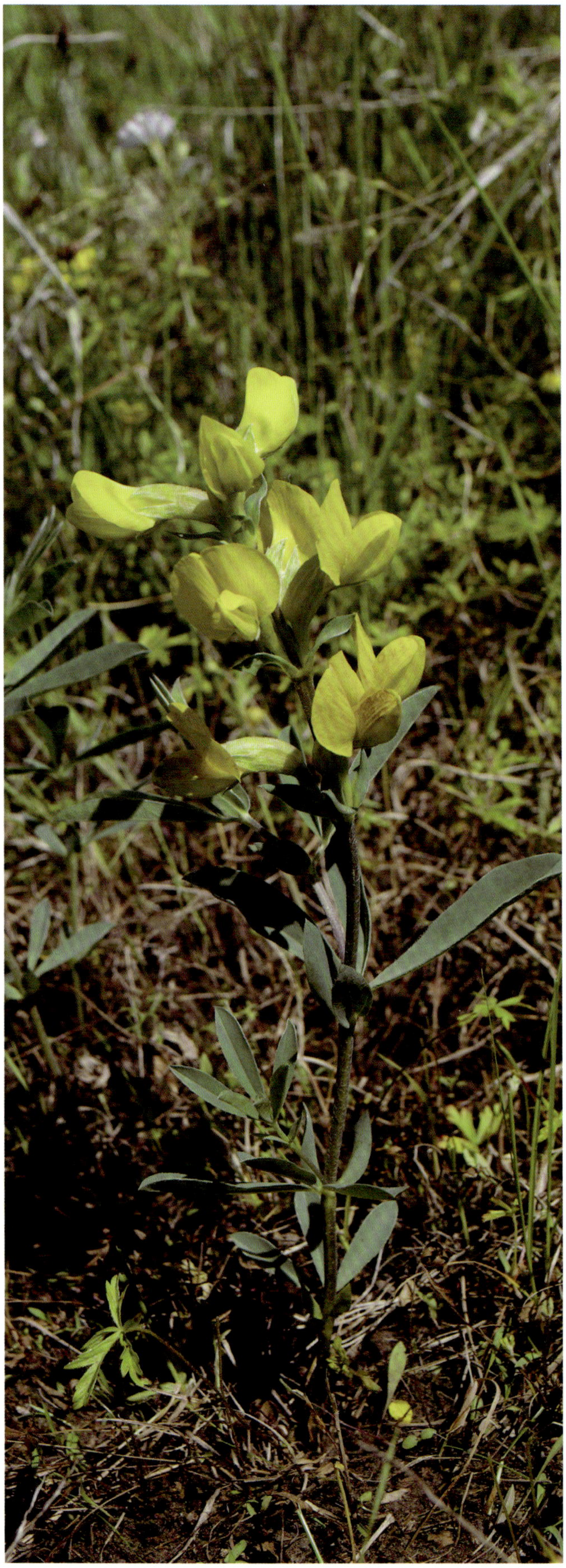

豆科 Leguminosae

野豌豆属 *Vicia*

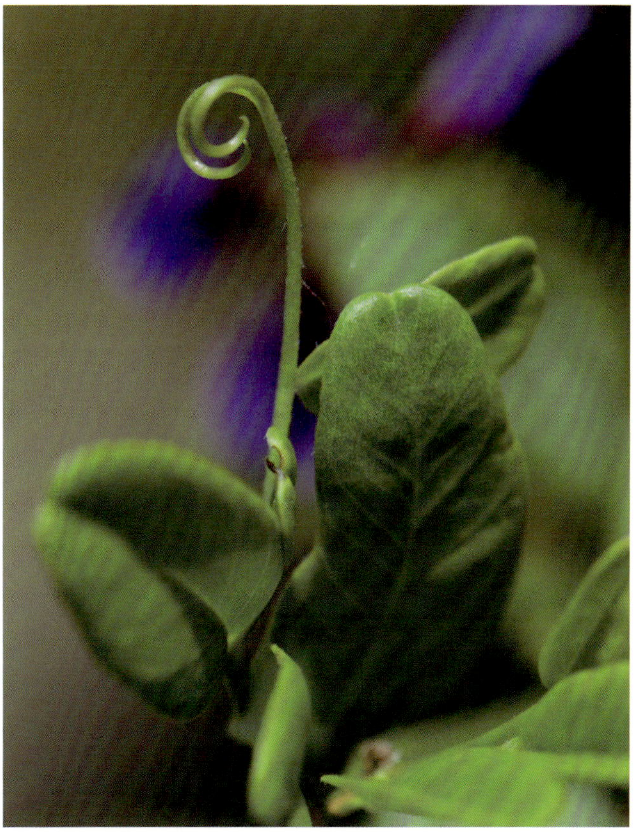

黑龙江野豌豆

拉丁名

Vicia amurensis Oett.

别　名

圆叶草藤，大巢菜。

基本形态特征

多年生草本。茎斜升攀援，具棱；偶数羽状复叶；小叶椭圆形或长圆卵形。总状花序与叶近等长；花冠蓝紫色，稀紫色；花萼斜钟状，萼齿三角形或披针状三角形，下面2齿较长；旗瓣长圆形或近倒卵形，先端微凹；翼瓣与旗瓣近等长；龙骨瓣较短。荚果菱形或近长圆形。种子扁圆形，种皮黑褐色，种脐细长。花期6—8月，果期8—9月。

拍摄地点

大庆市龙凤区草原。

应用价值

可当饲料；东北民间用其代替透骨草供药用。

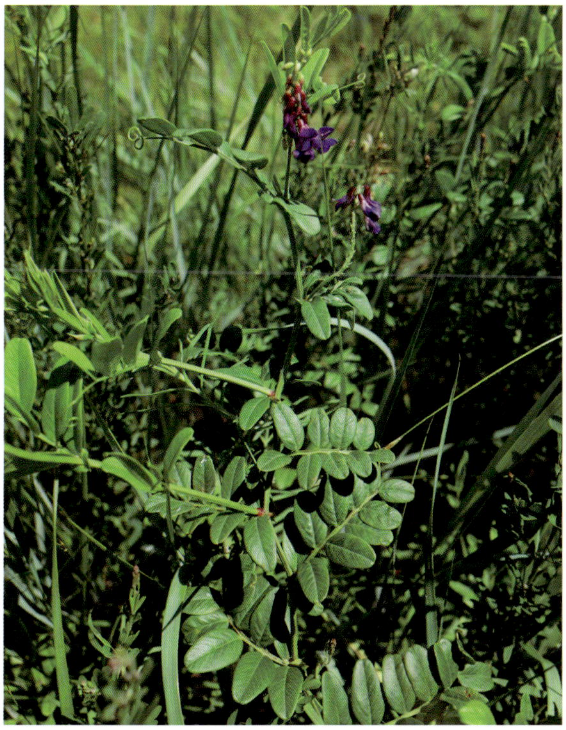

豆科 Leguminosae

野豌豆属 *Vicia*

山野豌豆

拉丁名

Vicia amoena DC.

别　名

落豆秧，豆豌豌。

基本形态特征

多年生草本。茎斜升或攀援。偶数羽状复叶，几无柄；托叶半箭头形；小叶互生或近对生，椭圆形至卵披针形。总状花序通常长于叶；花冠红紫色、蓝紫色或蓝色，花期颜色多变；花萼斜钟状。荚果长圆形，无毛。种子圆形。花期4—6月，果期7—10月。

拍摄地点

大庆市大同区草原。

应用价值

本种为优良牧草，蛋白质含量可达10.2%，牲畜喜食。民间药用称透骨草，有祛湿、清热解毒之效，为疮洗剂。本种繁殖迅速，再生力强，是防风、固沙、水土保持及绿肥作物之一。其花期长，色彩艳丽，亦可用于绿篱，荒山、园林绿化等。

牻牛儿苗科 Geraniaceae

牻牛儿苗属 *Erodium*

牻牛儿苗

拉丁名

Erodium stephanianum Willd.

别　名

救荒本草，太阳花。

基本形态特征

多年生草本。茎多数，仰卧或蔓生，具节，被柔毛。叶对生；托叶三角状披针形；叶片轮廓卵形或三角状卵形，基部心形。伞形花序腋生；总花梗被开展长柔毛和倒向短柔毛；苞片狭披针形；萼片矩圆状卵形；花瓣紫红色，倒卵形。蒴果密被短糙毛。种子褐色，具斑点。花期6—8月，果期8—9月。

拍摄地点

大庆市龙凤区林下。

应用价值

全草供药用，有祛风除湿、清热解毒之功效。

牻牛儿苗科 Geraniaceae

老鹳草属 *Geranium*

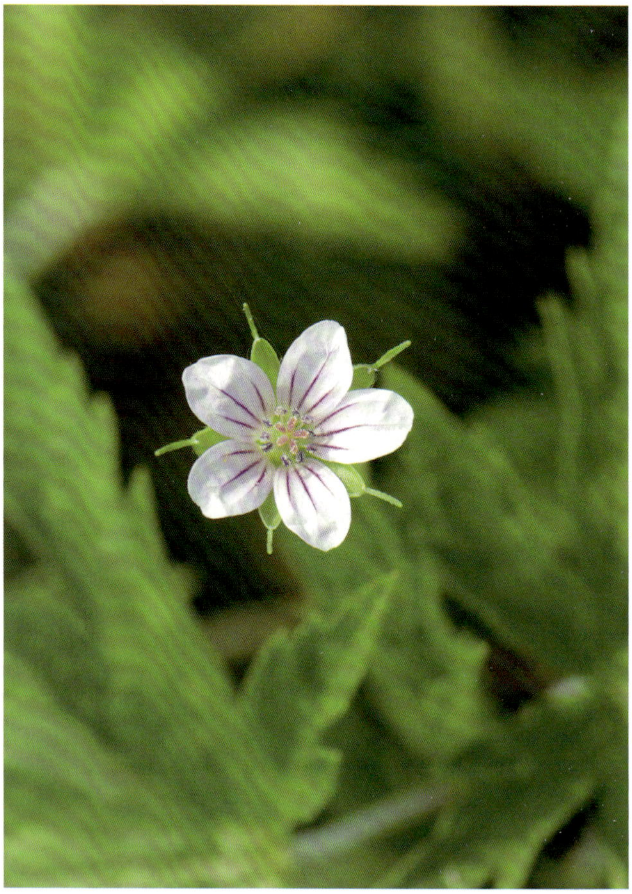

鼠掌老鹳草

拉丁名

Geranium sibiricum L.

基本形态特征

一年生或多年生草本。茎纤细，多分枝，具棱槽，被倒向疏柔毛。叶对生；托叶披针形；下部叶片肾状五角形，基部宽心形。总花梗丝状，单生于叶腋，长于叶，被倒向柔毛或伏毛；苞片对生，棕褐色、钻伏、膜质，生于花梗中部或基部；萼片卵状椭圆形或卵状披针形；花瓣倒卵形，淡紫色或白色。蒴果被疏柔毛。种子肾状椭圆形。花期6—7月，果期8—9月。

拍摄地点

大庆市肇州县托古乡林场林下。

应用价值

全草入药，可祛风止泻。用于风湿关节痛，痢疾泻下，疮口不收等。

蒺藜科 Zygophyllaceae

蒺藜属 *Tribulus*

蒺藜

拉丁名

Tribulus terrestris L.

别　名

白蒺藜，屈人。

基本形态特征

一年生草本。茎平卧，有毛；偶数羽状复叶；小叶圆形。花腋生；花梗短于叶；花黄色；萼片5，宿存；雄蕊生于花盘基部，基部有鳞片状腺体。果有分果瓣5，长4—6毫米，无毛或被毛，中部边缘有锐刺2枚，下部常有小锐刺2枚，其余部位常有小瘤体。花期5—8月，果期6—9月。

拍摄地点

大庆市红岗区草原。

应用价值

果入药，可平肝解郁、活血祛风、明目、止痒。用于头痛眩晕，胸胁胀痛，乳闭乳痛，目赤多泪，风疹瘙痒。

亚麻科 Linaceae

亚麻属 *Linum*

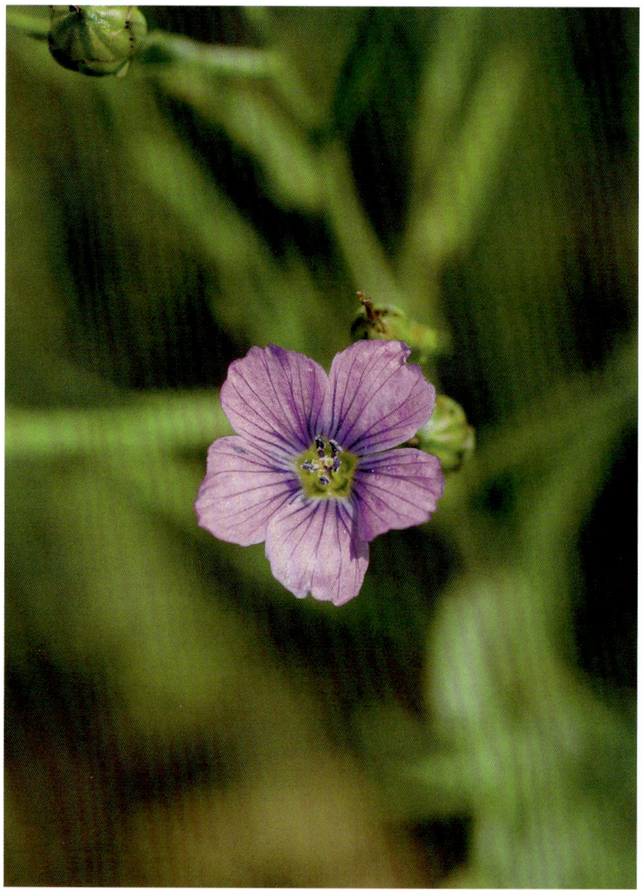

野亚麻

拉丁名

Linum stelleroides Planch.

基本形态特征

一年生或二年生草本。茎直立，圆柱形，基部木质化，不分枝或自中部以上多分枝，无毛。叶互生，线形、线状披针形或狭倒披针形。单花或多花组成聚伞花序；萼片绿色，长椭圆形或阔卵形；花瓣倒卵形，顶端啮蚀状，基部渐狭，淡红色、淡紫色或蓝紫色。蒴果球形或扁球形。种子长圆形。花期6—9月，果期8—10月。

拍摄地点

大庆市让胡路区星火牧场。

应用价值

茎皮纤维可作为人造棉、麻布和造纸原料。

大戟科 Euphorbiaceae

大戟属 *Euphorbia*

地锦

拉丁名

Euphorbia humifusa Willd.

别　名

红丝草，铺地锦，小虫儿卧单。

基本形态特征

一年生草本。茎匍匐，自基部以上多分枝，偶尔先端斜向上伸展，基部常红色或淡红色，被柔毛或疏柔毛。叶对生，椭圆形，边缘常于中部以上具细锯齿；叶面绿色，叶背淡绿色，有时淡红色，两面被疏柔毛。花序单生于叶腋，总苞陀螺状；腺体4，矩圆形，边缘具白色或淡红色附属物。蒴果三棱状球形。种子三棱状卵球形。花果期5—10月。

拍摄地点

大庆市萨尔图区草原。

应用价值

全草入药，有清热解毒、利尿、通乳、止血作用。

大戟科 Euphorbiaceae

大戟属 *Euphorbia*

乳浆大戟

拉丁名

Euphorbia esula L.

别　名

猫眼草，烂疤眼，华北大戟，新疆大戟，太鲁阁大戟，岷县大戟，东北大戟，松叶乳汁大戟，宽叶乳浆大戟，乳浆草。

基本形态特征

多年生草本。茎单生或丛生，单生时自基部多分枝；不育枝常发自基部。叶线形至卵形，变化极不稳定；不育枝叶常为松针状；无柄；总苞叶3—5枚，与茎生叶同形；苞叶2枚，常为肾形，少为卵形或三角状卵形。花序单生于二歧分枝的顶端，基部无柄；总苞钟状。蒴果三棱状球形。种子卵球状。花果期4—10月。

拍摄地点

大庆市龙凤区草原。

应用价值

全草可入药，补肾益精、解毒消肿。

芸香科 Rutaceae

芸香草属 *Haplophyllum*

假芸香

拉丁名

Haplophyllum dauricum (L.) G. Don

基本形态特征

多年生草本。茎直立，初时被短细毛且散生油点。叶狭披针形至线形，位于枝下部的叶较小，常为倒披针形或倒卵形。花集生于茎顶；苞片细小，线形；萼片边缘被短柔毛；花瓣黄色。种子肾形，褐黑色。花期6—7月，果期8—9月。

拍摄地点

大庆市杜尔伯特蒙古族自治县草原。

应用价值

观花植物，可用于园林布景。

远志科 Polygalaceae

远志属 *Polygala*

远志

拉丁名

Polygala tenuifolia Willd.

别　名

葽绕，蕀菀，小草，细草，线儿茶，小草根，神砂草，红籽细草。

基本形态特征

多年生草本。茎多数丛生，直立或倾斜，具纵棱槽，被短柔毛。单叶互生，叶片纸质，线形或线状披针形。短总状花序呈扁侧状生于小枝顶端，细弱，通常略俯垂，少花，稀疏；苞片披针形；花瓣紫色；侧瓣斜长圆形，基部与龙骨瓣合生；龙骨瓣较侧瓣长，具流苏状附属物。蒴果圆形。种子卵形。花果期5—9月。

拍摄地点

大庆市大同区草原。

应用价值

根皮入药，主治神经衰弱、心悸、健忘、失眠、梦遗、咳嗽多痰、支气管炎、腹泻、膀胱炎、痈疽疮肿等。

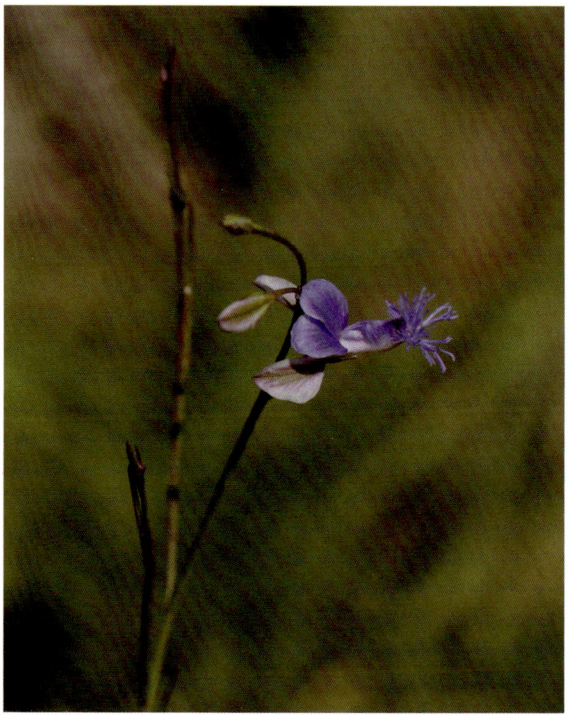

锦葵科 Malvaceae

苘麻属 *Abutilon*

苘麻

拉丁名

Abutilon theophrasti Medic.

别　名

椿麻，塘麻，孔麻，青麻，白麻，桐麻，磨盘草，车轮草。

基本形态特征

一年生亚灌木状草本。茎枝被柔毛。叶互生，圆心形，先端长渐尖，基部心形，边缘具细圆锯齿，两面均密被星状柔毛；叶柄被星状细柔毛；托叶早落。花单生于叶腋；花梗被柔毛，近顶端具节；花萼杯状，密被短绒毛；裂片卵形；花黄色，花瓣倒卵形。蒴果半球形。种子肾形，褐色，被星状柔毛。花期7—8月。

拍摄地点

大庆市大同区草原。

应用价值

茎皮纤维可编织麻袋、搓绳索、编麻鞋等；种子含油量为15%—16%，可制皂、油漆和工业用润滑油；种子可制润滑性利尿剂，并有通乳汁、消乳腺炎、助产等功效。

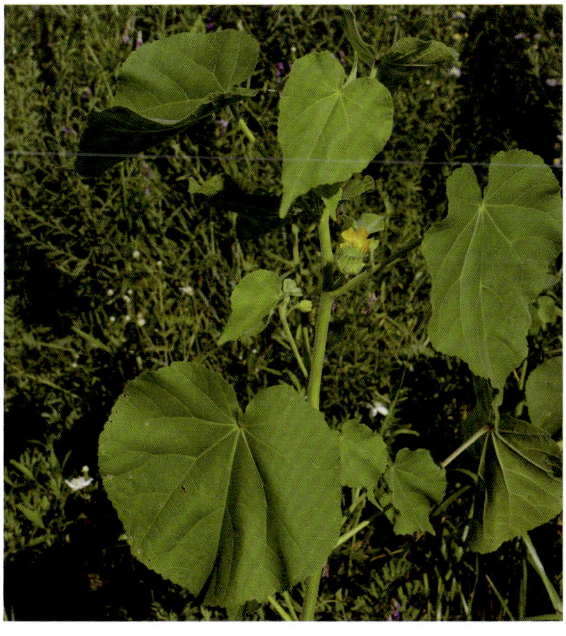

锦葵科 Malvaceae

木槿属 *Hibiscus*

野西瓜苗

拉丁名

Hibiscus trionum L.

别　名

香铃草，灯笼花，小秋葵，黑芝麻，火炮草。

基本形态特征

一年生直立或平卧草本。茎柔软，被白色星状粗毛。叶二型，下部的叶圆形，不分裂，上部的叶掌状，中裂片较长，两侧裂片较短，裂片倒卵形至长圆形，通常羽状全裂，上面疏被粗硬毛或无毛，下面疏被星状粗刺毛。花单生于叶腋；小苞片线形，被粗长硬毛，基部合生；花萼钟形，淡绿色；花淡黄色，内面基部紫色。蒴果长圆状球形。种子肾形。花期7—10月。

拍摄地点

大庆市萨尔图区草原。

应用价值

全草和果实、种子药用，治烫伤、烧伤、急性关节炎等。

锦葵科 Malvaceae

锦葵属 *Malva*

北锦葵

拉丁名

Malva mohileviensis Dow.

基本形态特征

茎单一或数个，自立或上升，无毛或上部被稀疏星状毛。托叶广披针形，被星状毛；叶具长柄，或多数近无梗，簇生于叶腋，有时混生极少数具柄的花；小苞片3；萼片5裂，裂片卵状三角形，尖锐，背面被星状柔毛，边缘具较多硬毛，果期除边缘有毛外，其他毛几乎均脱落，具明显突起脉，随着果实成熟而变苍白色；果实略呈圆盘状，种子暗褐色。

拍摄地点

大庆市红岗区草原。

应用价值

春夏季采嫩叶，炒食、做汤或做陷，味美可口。老叶晒干可掺入面粉蒸食。

瑞香科 Thymelaeaceae

狼毒属 *Stellera*

狼毒

拉丁名

Stellera chamaejasme L.

别　名

断肠草，拔萝卜，燕子花，馒头花。

基本形态特征

多年生草本。茎单一不分枝。叶互生；茎生叶长圆形，先端圆或尖，基部近平截；苞叶三角状卵形；总苞钟状，具白色柔毛；裂片圆形，具白色柔毛。蒴果卵球状；种子扁球状，灰褐色。花果期5—7月。

拍摄地点

大庆市龙凤区草原。

应用价值

毒性较大，可以杀虫；根入药，有祛痰、消积、止痛之功能，外敷可治疥癣；根可提取工业用酒精；根及茎皮可造纸。

堇菜科 Violaceae

堇菜属 *Viola*

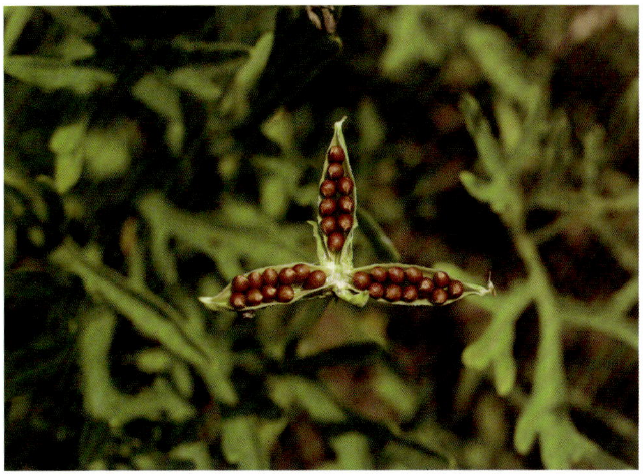

裂叶堇菜

拉丁名

Viola dissecta Ledeb.

别　名

深裂叶堇菜。

基本形态特征

多年生草本。根状茎垂直。基生叶叶片轮廓呈圆形、肾形或宽卵形；托叶近膜质，苍白色至淡绿色。花较大，淡紫色至紫堇色；花梗通常与叶等长或稍超出于叶；萼片卵形，长圆状卵形或披针形；上方花瓣长倒卵形，侧方花瓣长圆状倒卵形，里面基部有长须毛或疏生须毛。蒴果长圆形或椭圆形，果期5—10月。

拍摄地点

大庆市肇州县托古乡林场林下。

应用价值

全草入药，可清热解毒、消痈肿。用于痈疮疔毒，淋浊，无名肿毒。

堇菜科 Violaceae

堇菜属 *Viola*

总裂叶堇菜

拉丁名

Viola fissifolia Kitag.

别　名

裂叶堇菜。

基本形态特征

多年生草本。无地上茎，全体密被白色短柔毛。基生叶叶片卵形，先端稍尖，基部宽楔形，边缘具缺刻状浅裂至中裂，两面密被白色短柔毛。花大，紫堇色，具长梗；花梗细，高出于叶，密被短柔毛；萼片卵状披针形，先端稍尖，边缘狭膜质，基部附属物较短；花瓣长圆形。花期4—5月。

拍摄地点

大庆市肇州县托古乡林场林下。

应用价值

盆栽，用于观赏。

堇菜科 Violaceae

堇菜属 *Viola*

早开堇菜

拉丁名

Viola prionantha Bunge

基本形态特征

多年生草本。无地上茎。根状茎垂直，短而较粗壮。根数条，带灰白色，粗而长，通常皆由根状茎的下端发出，向下直伸。叶多数，均基生；叶片在花期呈长圆状卵形、卵状披针形或狭卵形；叶柄较粗壮，上部有狭翅，无毛或被细柔毛；托叶苍白色或淡绿色。花大，紫堇色或淡紫色，喉部色淡并有紫色条纹；萼片披针形或卵状披针形。蒴果长椭圆形。种子卵球形。花果期4月上中旬至9月。

拍摄地点

大庆市龙凤区林下。

应用价值

全草供药用，有清热解毒、除脓消炎之功效。捣烂外敷可排脓、消炎、生肌。

柽柳科 Tamaricaceae

柽柳属 *Tamarix*

柽柳

拉丁名

Tamarix chinensis Lour.

别　名

三春柳，西湖杨，红筋条，红荆条。

基本形态特征

落叶小乔木。老枝直立，暗褐红色，光亮，幼枝稠密细弱，常开展而下垂，红紫色或暗紫红色，有光泽。叶鲜绿色。由细瘦总状花序合成圆锥花序；花大而少，较稀疏而纤弱点垂，小枝亦下倾；有短总花梗，或近无梗，梗生有少数苞叶或无；苞片线状长圆形，渐尖，与花梗等长或稍长；花梗纤细，较萼短。花期4—9月。

拍摄地点

大庆市龙凤区草原。

应用价值

枝叶药用解表发汗药，有去除麻疹之效；多栽于庭院、公园等处做观赏用。

千屈菜科 Lythraceae

千屈菜属 *Lythrum*

千屈菜

拉丁名

Lythrum salicaria L.

别　名

叶对莲，水柳。

基本形态特征

多年生草本。茎直立，多分枝，全株被白色柔毛。叶对生或3枚轮生，狭披针形，顶端钝形或短尖，基部圆形或心形，有时略抱茎，全缘，无柄。花紫红色；总状花序。蒴果扁圆形。

拍摄地点

大庆市杜尔伯特蒙古族自治县草原。

应用价值

全草入药，治肠炎、痢疾、便血，外用于外伤出血；栽培于水边或做盆栽，供观赏。

柳叶菜科 Onagraceae

柳叶菜属 *Epilobium*

水湿柳叶菜

拉丁名

Epilobium palustre L.

别　名

沼生柳叶菜，沼泽柳叶菜，独木牛。

基本形态特征

多年生直立草本。自茎基部底下或地上生出纤细的越冬匍匐枝，稀疏的节上生成对的叶，顶生肉质鳞芽。叶对生，花序上的互生，近线形至狭披针形。花序花前直立或稍下垂，密被曲柔毛，有时混生腺毛。花近直立；花瓣白色至粉红色或玫瑰紫色，倒心形。蒴果被曲柔毛。种子棱形至狭倒卵状。花期6—8月，果期8—9月。

拍摄地点

大庆市杜尔伯特蒙古族自治县水源地。

应用价值

全草入药，可清热消炎、镇咳、疏风。

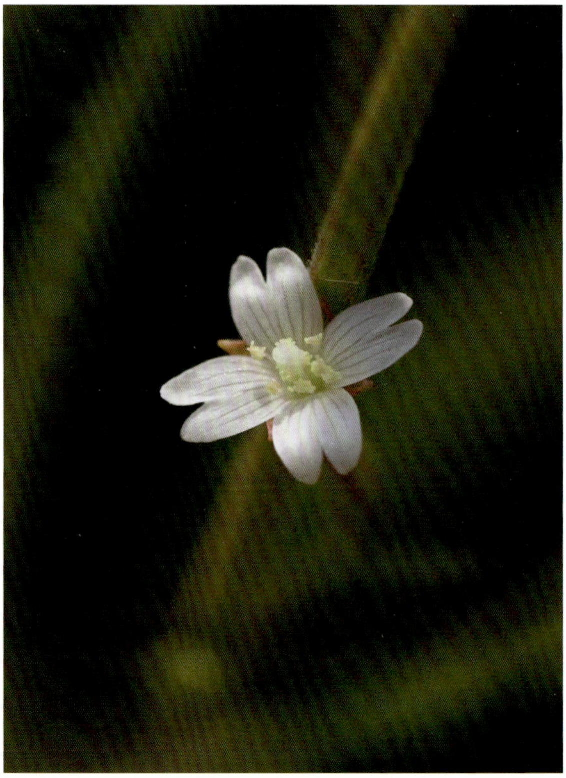

柳叶菜科 Onagraceae

月见草属 *Oenothera*

月见草

拉丁名

Oenothera biennis L.

别　名

山芝麻，夜来香。

基本形态特征

直立二年生草本。基生莲座叶丛紧贴地面；茎被曲柔毛与伸展长毛，在茎枝上端常混生有腺毛。基生叶倒披针形。茎生叶椭圆形至倒披针形。花序穗状；苞片叶状；花蕾锥状长圆形；花管黄绿色或开花时带红色，被混生的柔毛、伸展的长毛与短腺毛；萼片绿色，有时带红色，长圆状披针形；花瓣黄色，稀淡黄色，宽倒卵形。蒴果锥状圆柱形。种子暗褐色，棱形。

拍摄地点

大庆市林甸县草原。

应用价值

根入药，可活血通络、息风平肝、消肿敛疮，主要治疗中风偏瘫、虚风内动、小儿多动、风湿麻痛、腹痛腹泻、痛经等。

小二仙草科 Haloragidaceae

狐尾藻属 *Myriophyllum*

穗状狐尾藻

拉丁名

Myriophyllum spicatum L.

别　名

泥茜，聚藻。

基本形态特征

多年生沉水草本。根状茎发达，在水底泥中蔓延，节部生根。茎圆柱形。叶轮生，丝状全细裂，叶细线形。花两性，单性或杂性，雌雄同株，单生于苞片状叶腋内，由多数花排成近裸颓的顶生或腋生的穗状花序。如为单性花，则上部为雄花，下部为雌花，中部有时为两性花，基部有一对苞片。分果广卵形或卵状椭圆形。花期从春到秋陆续开放，4—9月陆续结果。

拍摄地点

大庆市杜尔伯特蒙古族自治县琀奈湿地。

应用价值

全草入药，可清凉解毒、止痢，治慢性下痢；夏季生长旺盛，可当猪、鱼、鸭的饲料。

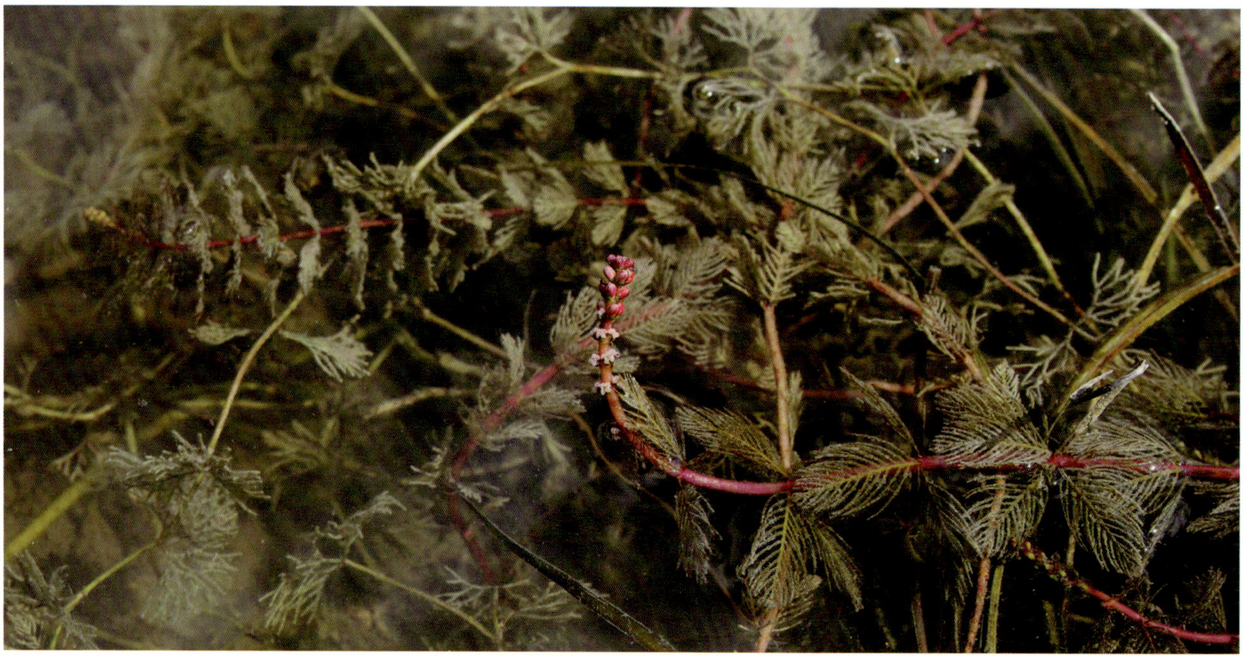

小二仙草科 Haloragidaceae

狐尾藻属 *Myriophyllum*

狐尾藻

拉丁名

Myriophyllum verticillatum L.

别　名

轮叶狐尾藻。

基本形态特征

多年生水生草本。根状茎发达，在水底泥中蔓延，节部生根。茎圆柱形，多分枝。叶通常4片轮生，羽状全裂，无叶柄；裂片互生；水上叶互生，披针形。苞片羽状篦齿状分裂。花单性，雌雄同株、单生于水上叶腋内，花无柄，比叶片短。雌花生于水上茎下部叶腋中；萼片与子房合生。果实广卵形。

拍摄地点

大庆市龙凤区湿地。

应用价值

夏季生长旺盛。冬季生长慢，能耐低温，一年四季可采收，可为猪、鱼、鸭的饲料。

伞形科 Umbelliferae

莳萝属 *Anethum*

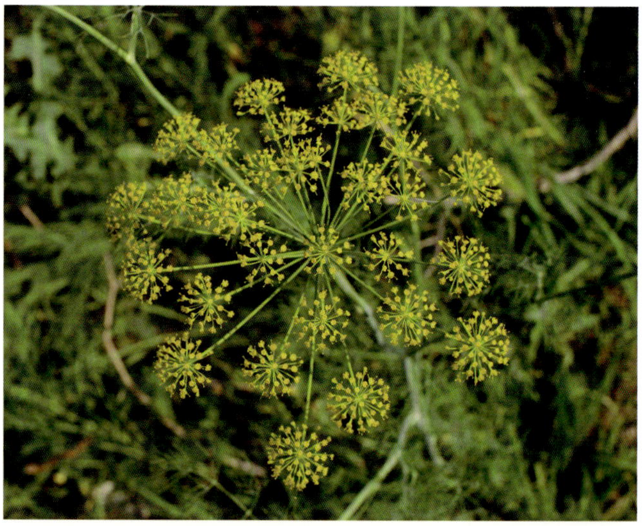

莳萝

拉丁名

Anethum graveolens L.

别　名

土茴香，野茴香，洋茴香。

基本形态特征

一年生或多年生草本。全株无毛，有强烈香味。茎单一，直立，圆柱形，光滑，有纵长细条纹，叶片轮廓宽卵形，3—4回羽状全裂，最终裂片狭长线形。复伞形花序常呈二歧式分枝，无总苞片；花瓣黄色，中脉常呈褐色，长圆形或近方形，小舌片钝，近长方形，内曲；花柱短，先直后弯；花柱基圆锥形至垫状。分生果卵状椭圆形。花期5—8月，果期7—9月。

拍摄地点

大庆市萨尔图区草原。

应用价值

嫩茎叶可当蔬菜食用，果实可提取芳香油，为调制香精的原料；果实可入药，有驱风、健胃、散瘀、催乳等作用。

伞形科 Umbelliferae

柴胡属 *Bupleurum*

红柴胡

拉丁名

Bupleurum scorzonerifolium Willd.

别　名

香柴胡，软柴胡，狭叶柴胡，软苗柴胡，南柴胡。

基本形态特征

多年生草本。茎基部密覆叶柄残余纤维，细圆，有细纵槽纹。叶细线形，基生叶下部略收缩成叶柄，其他均无柄，叶缘白色，骨质，上部叶小，同形。伞形花序自叶腋间抽出，花序多，形成较疏松的圆锥花序；总苞片极细小，针形；花瓣黄色，舌片几与花瓣的对半等长。果广椭圆形。花期7—8月，果期8—9月。

拍摄地点

大庆市龙凤区草原。

应用价值

药用，可解表退热、疏肝解郁、升举阳气，治疗气积郁阻所致的胸胁或小腹胀痛、情绪抑郁、妇女月经失调、痛经等症。

伞形科 Umbelliferae

蛇床属 *Cnidium*

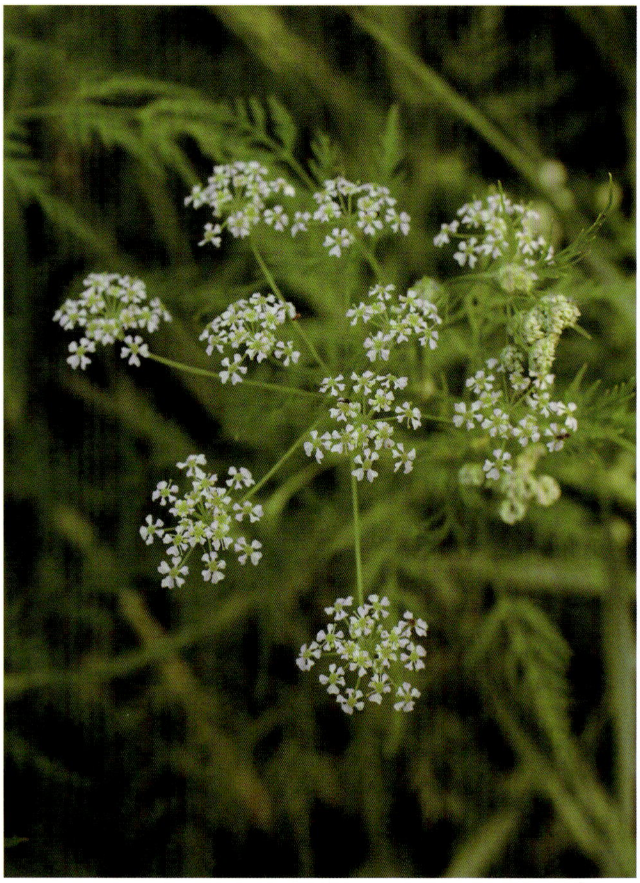

兴安蛇床

拉丁名

Cnidium dahuricum (Jacq.) Turcz.

基本形态特征

多年生草本。茎直立，具纵直细条纹，平滑无毛，髓部充实，上部多分枝，分枝常呈弧形。基生叶及茎下部叶具长柄，叶片轮廓卵状三角形。复伞形花序顶生或腋生，小总苞片长卵形至倒卵形；小伞形花序萼齿无；花瓣白色，倒卵形，先端具内折小舌片。分生果长圆状卵形。花期7—8月，果期8—9月。

拍摄地点

大庆市让胡路区星火牧场。

应用价值

果实入药，具有温肾壮阳、燥湿、祛风、杀虫之功效。

伞形科 Umbelliferae

蛇床属 *Cnidium*

蛇床

拉丁名

Cnidium monnieri (L.) Cuss.

基本形态特征

一年生草本。茎直立或斜上，多分枝，中空，表面具深条棱，粗糙。下部叶具短柄，叶鞘短宽，边缘膜质，上部叶柄全部鞘状；叶片轮廓卵形至三角状卵形。复伞形花序；总苞片线形至线状披针形；小总苞片多数，线形；花瓣白色，先端具内折小舌片。双悬果卵圆形。花期4—7月，果期6—10月。

拍摄地点

大庆市肇州县托古乡苇场。

应用价值

果实入药，有燥湿、杀虫止痒、壮阳之效，治皮肤湿疹、阴道滴虫、肾虚阳痿等症。

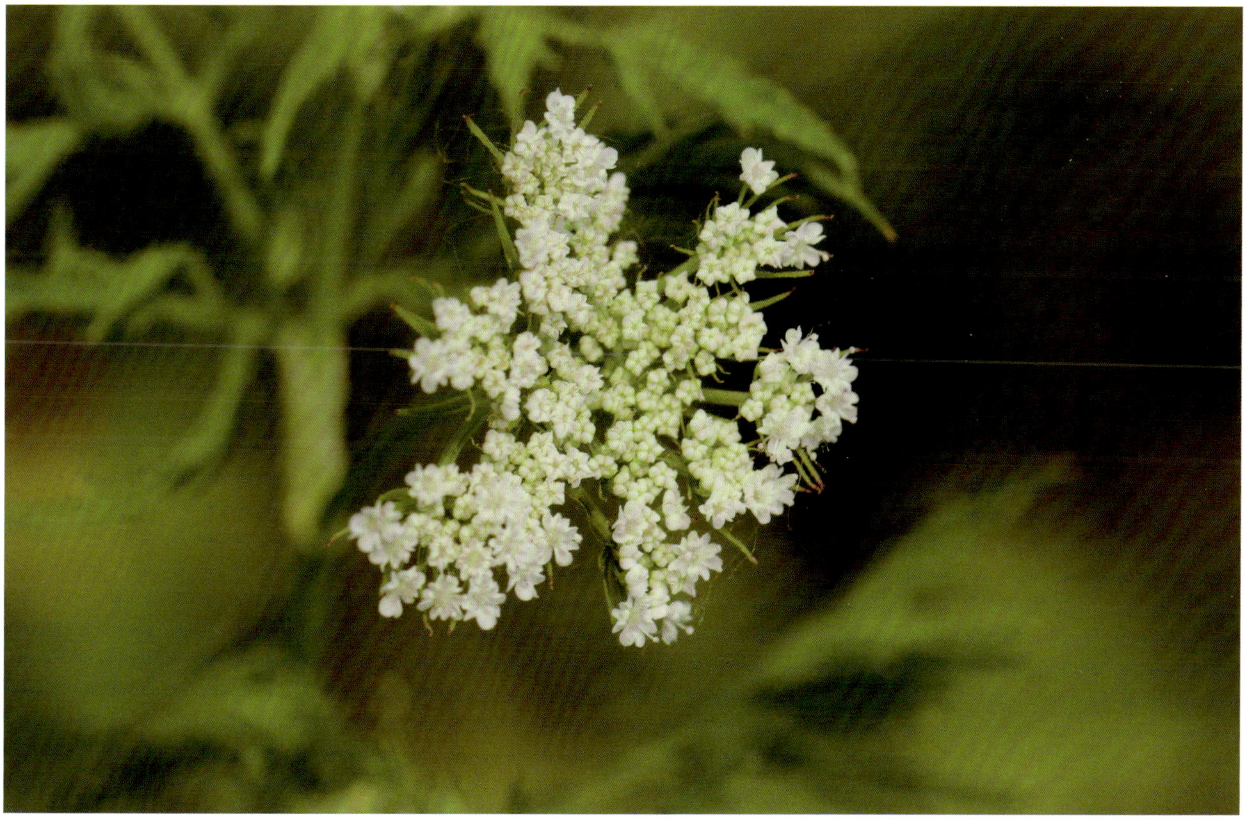

伞形科 Umbelliferae

防风属 *Saposhnikovia*

防风

拉丁名

Saposhnikovia divaricata (Turcz.) Schischk.

别　名

北防风，关防风，哲里根呢。

基本形态特征

多年生草本。根粗壮，细长圆柱形，分歧，淡黄棕色。根头处被有纤维状叶残基及明显的环纹。茎单生，自基部分枝较多，斜上升，基生叶丛生，有扁长的叶柄，基部有宽叶鞘。叶片卵形或长圆形，二回或近于三回羽状分裂。复伞形花序，无总苞片；萼齿短三角形；花瓣倒卵形，白色。双悬果上有瘤点。花期8—9月，果期9—10月。

拍摄地点

大庆市大同区草原。

应用价值

根供药用，有发汗、祛痰、祛风、发表、镇痛的功效，用于治感冒、头痛、周身关节痛、神经痛等症。

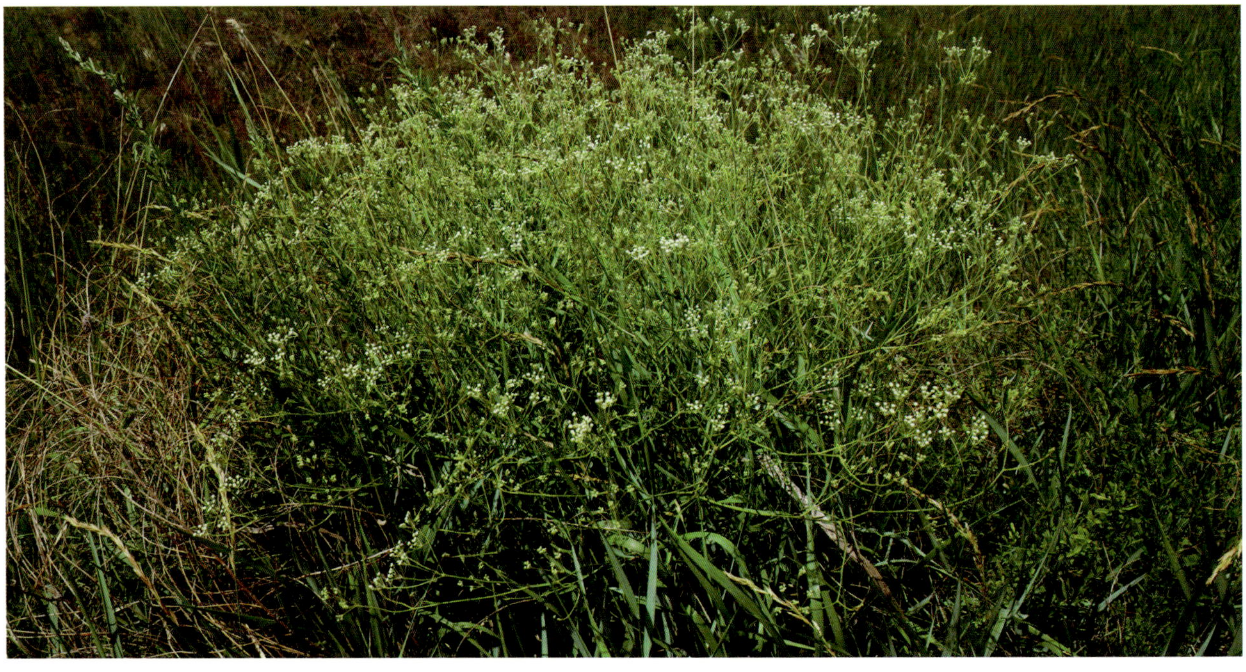

报春花科 Primulaceae

点地梅属 *Androsace*

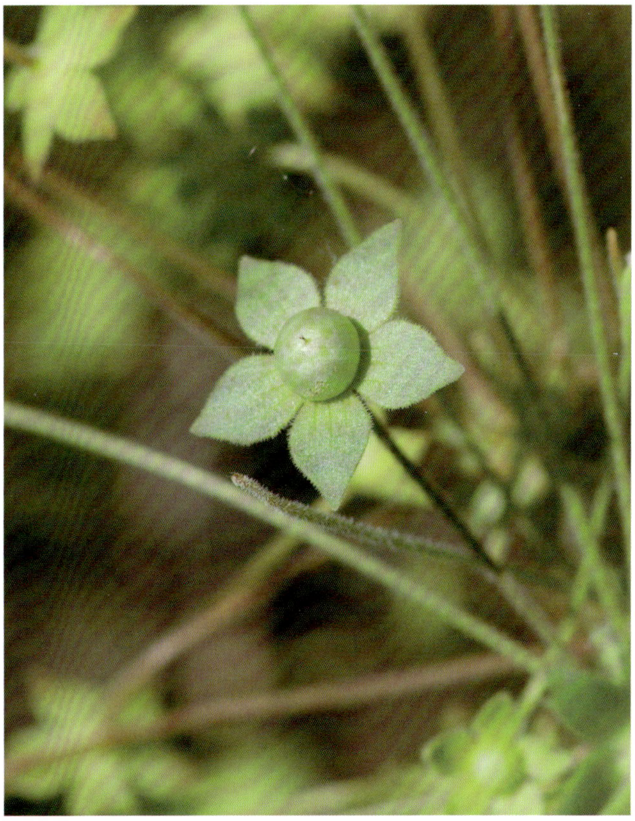

点地梅

拉丁名

Androsace umbellata (Lour.) Merr.

别　名

喉咙草，佛顶珠，白花草，清明花，天星花。

基本形态特征

一年生或二年生草本。主根不明显，具多数须根。叶全部基生，叶片圆形至心状圆形；叶柄被开展的柔毛。伞形花序；苞片卵形至披针形；花萼杯状；花冠白色，喉部黄色，裂片倒卵状长圆形。蒴果近球形，果皮白色，近膜质。花期2—4月，果期5—6月。

拍摄地点

大庆市龙凤区草原。

应用价值

全草治扁桃体炎、咽喉炎、口腔炎和跌打损伤。

报春花科 Primulaceae

点地梅属 *Androsace*

长叶点地梅

拉丁名

Androsace longifolia Turcz.

别　名

矮葶点地梅。

基本形态特征

多年生草本。主根直长，具少数须根。当年生莲座状叶丛叠生于老叶丛上，无节间；叶同型，线形或线状披针形。花葶极短，被柔毛；伞形花序；苞片线形；花萼狭钟形；裂片阔披针形或三角状披针形，先端锐尖，被稀疏的短柔毛和缘毛；花冠白色或带粉红色，筒部短于花萼，裂片倒卵状椭圆形。蒴果近球形。花期5月。

拍摄地点

大庆市龙凤区草原。

应用价值

具有较高的观赏价值，可当盆栽观赏和灌木丛旁的地被材料。

报春花科 Primulaceae

海乳草属 *Glaux*

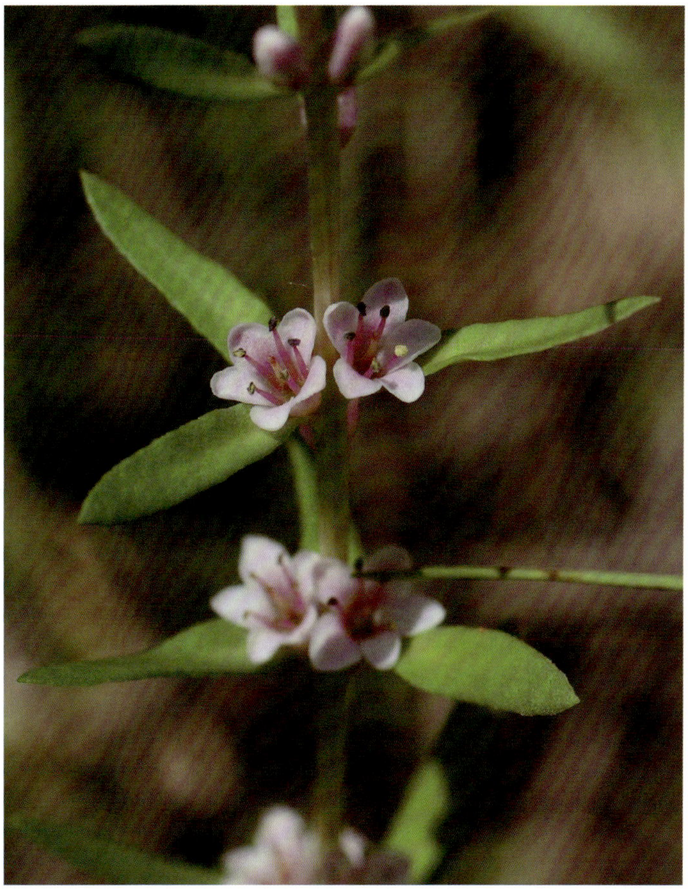

海乳草

拉丁名

Glaux maritima L.

基本形态特征

多年生草本，根状茎横走。茎直立或下部匍匐，通常有分枝，无毛，基部节上被淡褐色卵形膜质鳞片状叶。叶密集，肉质，交互对生或互生，近无柄。花小，腋生；花萼钟形，花冠状，白色至蔷薇色。蒴果卵状球形。种子棕褐色。花期6月，果期7—8月。

拍摄地点

大庆市红岗区草原。

应用价值

茎细柔软，多汁，羊、兔、猪及禽类喜食，可做中等饲用植物；根入药，有散气止痛功效，皮可退热，叶能祛风、明目、消肿、止痛；种子含油10%—15%，可做肥皂原料。

报春花科 Primulaceae

珍珠菜属 *Lysimachia*

狼尾花

拉丁名

Lysimachia barystachys Bunge

别　名

虎尾草，重穗排草。

基本形态特征

多年生草本。具横走的根茎，全株密被卷曲柔毛。茎直立。叶互生或近对生，长圆状披针形、倒披针形以至线形。总状花序顶生，花密集，常转向一侧；苞片线状钻形；花萼分裂近达基部，裂片长圆形，周边膜质，顶端圆形，略呈啮蚀状；花冠白色；花药椭圆形。蒴果球形。花期5—8月；果期8—10月。

拍摄地点

大庆市杜尔伯特蒙古族自治县草原。

应用价值

全草治疮疖、刀伤。

报春花科 Primulaceae

报春花属 *Primula*

樱草

拉丁名

Primula sieboldii E. Morren

别　名

翠南报春。

基本形态特征

多年生草本。根状茎倾斜或平卧，向下发出多数纤维状须根。叶3—8枚丛生，叶片卵状矩圆形至矩圆形，边缘圆齿状浅裂，裂片具钝牙齿。花葶高12—25厘米，被毛；伞形花序顶生，5—15朵花；花冠紫红色至淡红色，稀白色。蒴果近球形。花期5月，果期6月。

拍摄地点

大庆市肇州县托古乡苇场。

应用价值

栽培品种可用于林下地被、室内盆栽等；全草入药，主治支气管炎、咳嗽、咽炎等；蜜源植物。

白花丹科 Plumbaginaceae

补血草属 *Limonium*

二色补血草

拉丁名

Limonium bicolor (Bunge) Kuntze

别　名

苍蝇架，苍蝇花，蝇子架，二色矶松，二色匙叶草。

基本形态特征

多年生草本。全株（除萼外）无毛。叶基生。花期叶常存在，匙形至长圆状匙形。花序圆锥状；花序轴单生，有时具沟槽，偶可主轴圆柱状，往往自中部以上数回分枝，末级小枝二棱形；穗状花序有柄至无柄，排列在花序分枝的上部至顶端；萼漏斗状，萼檐初时淡紫红色或粉红色，后来变白；花冠黄色。花期5—7月，果期6—8月。

拍摄地点

大庆市林甸县草原。

应用价值

全草药用，有收敛、止血、利尿的作用；可做鲜切花，制成自然干花，做观赏用。

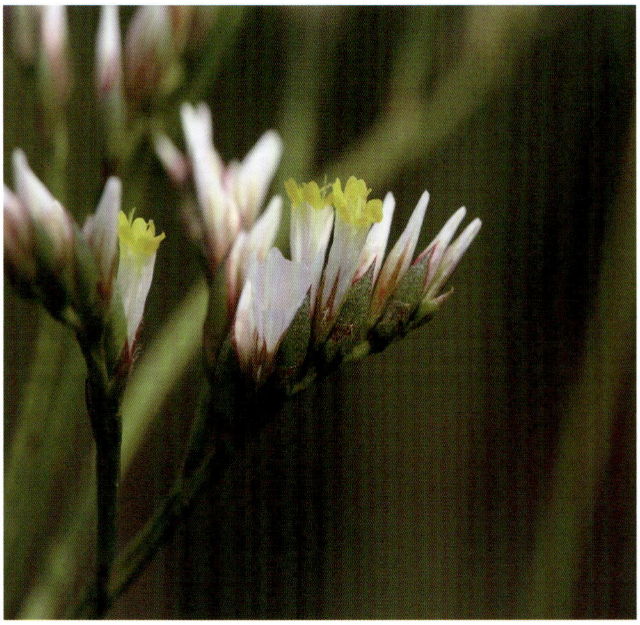

龙胆科 Gentianaceae

龙胆属 *Gentiana*

东北龙胆

拉丁名

Gentiana manshurica Kitag.

别　名

条叶龙胆。

基本形态特征

多年生草本。高20—30厘米。根茎平卧或直立，具多数粗壮、略肉质的须根。茎下部叶膜质；中、上部叶近革质，无柄，线状披针形至线形；花顶生或腋生；无花梗或具短梗；花萼钟筒状，线形或线状披针形；花冠蓝紫色或紫色。蒴果宽椭圆形；种子褐色，两端具翅。花果期8—11月。

拍摄地点

五大连池风景区蚕场湿地。

应用价值

果实较大，酸甜，味佳，可用于酿酒及制果酱，也可制成饮料。

龙胆科 Gentianaceae

龙胆属 *Gentiana*

鳞叶龙胆

拉丁名

Gentiana squarrosa Ledeb.

别　名

石龙胆，岩龙胆，小龙胆。

基本形态特征

一年生草本。茎黄绿色或紫红色。叶先端钝圆或急尖，中脉白色软骨质，叶柄白色膜质，边缘具短睫毛，背面具细乳突；基生叶卵形、卵圆形或卵状椭圆形。花多数，单生于小枝顶端；花梗黄绿色或紫红色，密被黄绿色乳突；花萼倒锥状筒形；花冠蓝色，筒状漏斗形。蒴果外露。种子黑褐色，椭圆形或矩圆形。花果期4—9月。

拍摄地点

大庆市萨尔图区草原。

应用价值

全草入药，有清热利湿、解毒消痈之功效，主治咽喉肿痛、阑尾炎、尿血，外用治疮疡肿毒、淋巴结结核。

龙胆科 Gentianaceae

獐牙菜属 *Swertia*

淡花獐牙菜

拉丁名

Swertia diluta (Turcz.) Benth. et Hook.

别　名

北方獐牙菜，兴安獐牙菜，獐牙菜，当药，水黄莲。

基本形态特征

一年生草本。根黄色。茎直立，四棱形，棱上具窄翅。叶无柄，线状披针形至线形。圆锥状复聚伞花序具多数花；花梗直立，四棱形；花萼绿色，长于或等于花冠；花冠浅蓝色，裂片椭圆状披针形。蒴果卵形。种子深褐色，矩圆形。花果期8—10月。

拍摄地点

大庆市杜尔伯特蒙古族自治县草原。

应用价值

全草治黄疸型肝炎、肝胆疾病。主治发烧、瘟疫、流感、胆结石、中暑、头痛、肝胆热、黄疸、伤热、食积胃热。

睡菜科 Menyanthaceae

荇菜属 *Nymphoides*

荇菜

拉丁名

Nymphoides peltata (S. G. Gmel.) O. Kuntze

别　名

接余，凫葵，水镜草，余莲儿，金莲子，莲叶荇菜，莲叶莕菜，水荷叶。

基本形态特征

多年生水生草本。茎圆柱形，多分枝，密生褐色斑点，节生根。上部叶对生，下部叶互生；叶片漂浮，近革质，卵圆形。花常多数，花梗圆柱形；花冠金黄色，冠筒短；雄蕊着生于冠筒上，花丝基部疏被长毛；在短花柱的花中花药常弯曲。蒴果无柄，椭圆形。种子大，褐色，椭圆形。花果期4—10月。

拍摄地点

大庆市龙凤区湿地。

应用价值

药用，可利尿通淋、清热解毒，主治感冒发热无汗、麻疹透发不畅、水肿、小便不利、热淋、毒蛇咬伤等；其叶形似缩小的睡莲，小黄花艳丽，可装点水面，还可以净化水质。

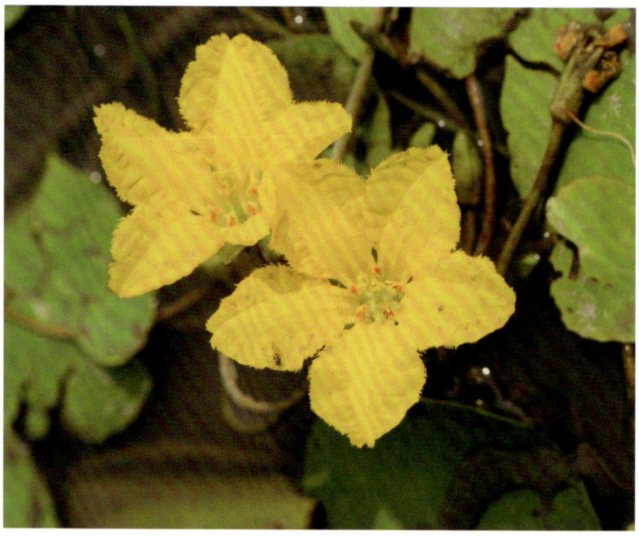

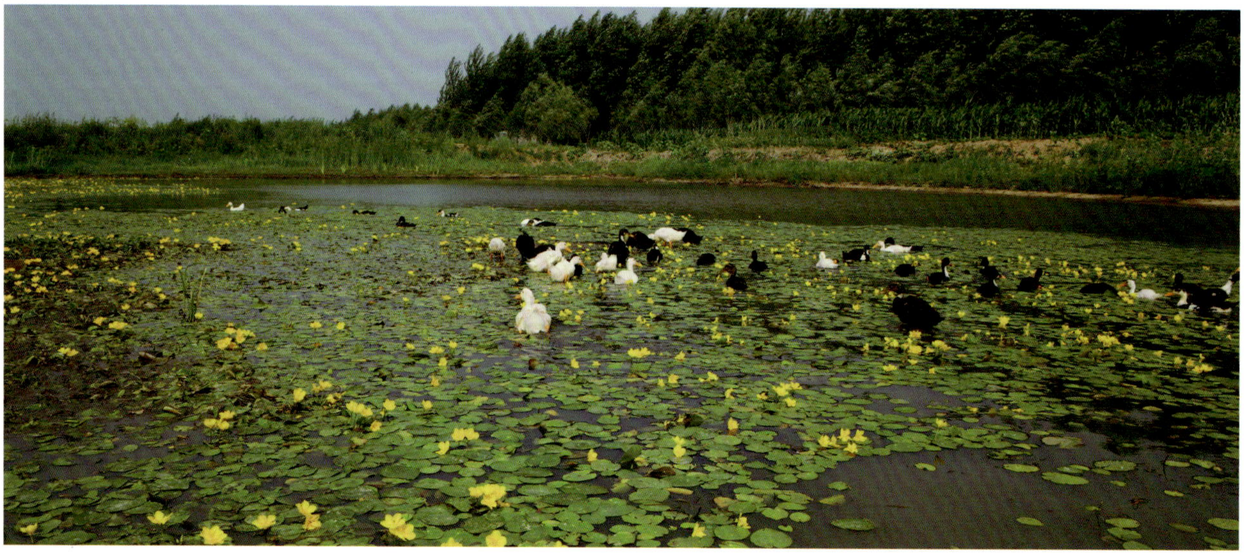

萝藦科 Asclepiadaceae

鹅绒藤属 *Cynanchum*

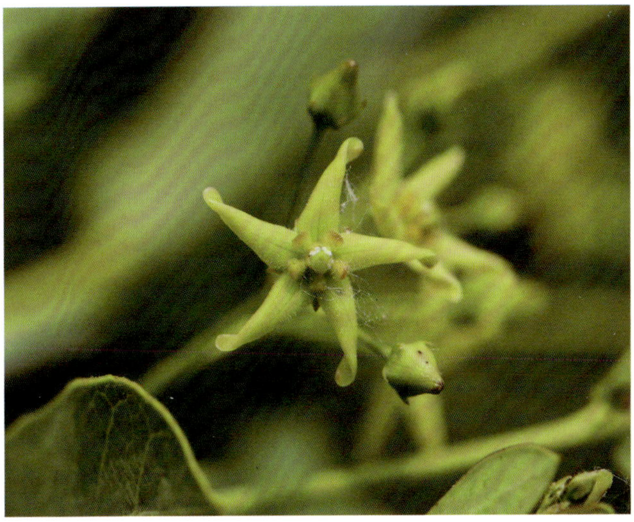

合掌消

拉丁名

Cynanchum amplexicaule (Sieb. et Zucc.) Hemsl.

别　名

抱茎白前，土胆草，合掌草，硬皮草，甜胆草，野留心波子。

基本形态特征

多年生直立草本。全株流白色乳液；除花萼、花冠被有微毛外，余皆无毛；根须状。叶薄纸质，无柄，倒卵状长椭圆形，先端急尖，基部抱茎，上部叶小，下部叶大。多歧聚伞花序顶生及腋生；花冠黄绿色或棕黄色；副冠5裂，扁平；花粉块每室1个，下垂。蓇葖果单生或双生，刺刀形。花期春夏之间，果期秋季。

拍摄地点

大庆市杜尔伯特蒙古族自治县草原。

应用价值

根入药，可清热、祛风湿，消肿解毒。治急性胃肠炎、急性肝炎、风湿痛、偏头痛、便血、痈肿、湿疹。

萝藦科 Asclepiadaceae

鹅绒藤属 *Cynanchum*

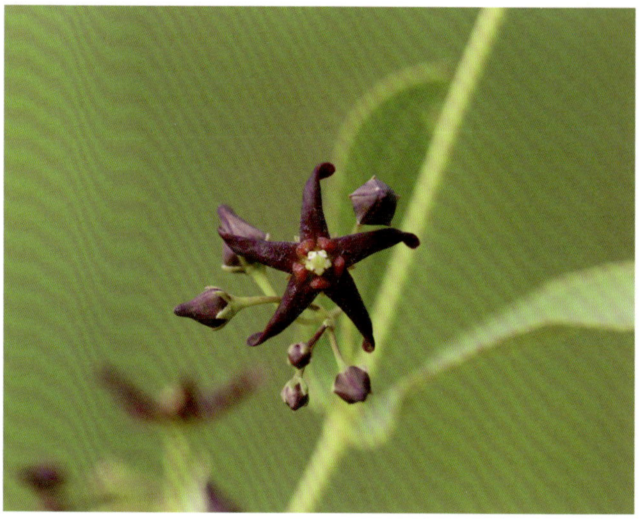

紫花合掌消

拉丁名

Cynanchum amplexicaule (Sieb. et Zucc.) Hemsl. f. *castaneum* (Makino) C. Y. Li

别　名

合掌草，合掌硝，硬皮草，甜胆草，土胆草。

基本形态特征

多年生直立草本，全株流白色乳液，除花萼、花冠被有微毛外，余皆无毛；根须状。叶薄纸质，无柄，倒卵状椭圆形，先端急尖，基部抱茎，上部叶小，下部叶大。多歧聚伞花序顶生及腋生；花紫色。花期5—9月，果期7月以后。

拍摄地点

大庆市杜尔伯特蒙古族自治县草原。

应用价值

全草供药用，可消肿退毒，祛风行气。水煎服治跌打损伤，四肢风湿；口嚼服治蛇头疔；煮鸡蛋服治鹅掌风。根味甜而不苦，故有"甜胆草"之称。

萝藦科 Asclepiadaceae

鹅绒藤属 *Cynanchum*

紫花杯冠藤

拉丁名

Cynanchum purpureum K. Schum.

别　名

紫花白前。

基本形态特征

直立草本植物。略为分枝而互生。茎被疏长柔毛，干后中空。叶对生，集生于分枝的顶端，线形或线状披针形。聚伞花序伞状，半圆形；总花梗、花梗均被疏长柔毛；花萼外面有毛，裂片披针形；花冠无毛，紫红色，裂片披针形；副花冠薄膜质，筒部成圆筒状。蓇葖长圆形。花期5—6月，果期6月。

拍摄地点

大庆市林甸县草原。

应用价值

根入药，用于肺热咳嗽、热淋、肾炎水肿、小便不利。

萝藦科 Asclepiadaceae

鹅绒藤属 *Cynanchum*

徐长卿

拉丁名

Cynanchum paniculatum (Bunge) Kitag.

别　名

尖刀儿苗，铜锣草，黑薇，寮刁竹，蛇利草，线香草，牙蛀消，一枝香，土细辛，柳叶细辛，竹叶细辛，钩鱼竿，逍遥竹。

基本形态特征

多年生直立草本。根须状；茎不分枝，从根部发生几条，无毛或被微毛。叶对生，纸质，线状披针形，两端锐尖，两面无毛或叶面具疏柔毛，叶缘有边毛；侧脉不明显。圆锥花序生于顶端的叶腋内；花萼内的腺体或有或无；花淡黄绿色，花冠近辐状；蓇葖单生，刺刀形；种子长圆形。花期5—7月。

拍摄地点

大庆市让胡路区星火牧场。

应用价值

全草可药用，祛风止痛、解毒消肿，治胃气痛、肠胃炎、毒蛇咬伤、腹水等。

萝藦科 Asclepiadaceae

鹅绒藤属 *Cynanchum*

鹅绒藤

拉丁名

Cynanchum chinense R. Br.

别　名

祖子花。

基本形态特征

缠绕草本。主根圆柱状，干后灰黄色；全株被短柔毛。叶对生，薄纸质，宽三角状心形，顶端锐尖，基部心形，叶面深绿色，叶背苍白色，两面均被短柔毛，脉上较密。伞形聚伞花序腋生，两歧；花萼外面被柔毛；花冠白色，裂片长圆状披针形；副花冠二形，杯状。蓇葖双生或仅有一个发育，细圆柱状，向端部渐尖。种子长圆形。花期6—8月，果期8—10月。

拍摄地点

大庆市龙凤区林下。

应用价值

全株可做祛风剂。

萝藦科 Asclepiadaceae

萝藦属 *Metaplexis*

萝藦

拉丁名

Metaplexis japonica (Thunb.) Makino

别　名

芄兰，斫合子，白环藤，羊婆奶，婆婆针线包，婆婆鍼落线包。

基本形态特征

多年生蔓草。具乳白色汁；茎圆柱状，表面淡绿色，有纵条纹，幼时密被短柔毛，老时渐脱落。叶膜质，卵状心形。总状花序腋生，具长总花梗；小苞片膜质，披针形；花萼裂片披针形；花冠白色，有淡紫红色斑纹。蓇葖叉生，纺锤形，平滑无毛。种子扁平，卵圆形。花期7—8月，果期9—12月。

拍摄地点

大庆市萨尔图区草原。

应用价值

全株可药用：果可治劳伤、虚弱、腰腿疼痛、缺奶、白带异常、咳嗽等；根可治跌打、蛇咬、疔疮、瘰疬；茎叶可治小儿疳积、疔肿；种毛可止血；茎皮纤维坚韧，可造人造棉。

茜草科 Rubiaceae

拉拉藤属 *Galium*

蓬子菜拉拉藤

拉丁名

Galium verum L.

别　名

蓬子菜，松叶草，蛇望草，铁尺草，老鼠针，柳绒蒿，疗毒蒿，鸡肠草，黄米花，重台草，蓬子草，乌如木杜乐。

基本形态特征

多年生近直立草本。基部稍木质，被短柔毛或秕糠状毛。叶纸质，线形。聚伞花序顶生和腋生，较大，多花；总花梗密被短柔毛；花小，稠密；花梗有疏短柔毛或无毛；萼管无毛；花冠黄色，辐状，无毛，花冠裂片卵形或长圆形，顶端稍钝；花药黄色。果小，近球状，无毛。花期5—8月，果期6—10月。

拍摄地点

大庆市萨尔图区草原。

应用价值

全草药用，可清热解毒、行血、止痒、利湿。治肝炎、喉咙肿痛、疔疮疖肿、稻田皮炎、荨麻疹、静脉炎、跌打损伤、妇女血气痛等。

旋花科 Convolvulaceae

打碗花属 *Calystegia*

打碗花

拉丁名

Calystegia hederacea Wall.

别 名

燕覆子，蒲（铺）地参，盘肠参，兔耳草，富苗秧，傅斯劳草，兔儿苗，扶七秧子，扶秧，走丝牡丹，面根藤，钩耳藤，喇叭花，狗耳丸，狗耳苗，小旋花，狗儿秧，扶苗，扶子苗，旋花苦蔓，老母猪草。

基本形态特征

一年生草本。全体不被毛，植株通常矮小，常自基部分枝，具细长白色的根。茎细，平卧，有细棱。基部叶片长圆形，顶端圆，基部戟形。花腋生，花梗长于叶柄，有细棱；苞片宽卵形，顶端钝或锐尖至渐尖；萼片长圆形；花冠淡紫色或淡红色，钟状，冠檐近截形或微裂。蒴果卵球形。种子黑褐色，表面有小疣。

拍摄地点

大庆市大同区草原。

应用价值

全草治瘟疫，陈热病，虫病；根茎用于月经不调，咽喉肿痛，跌打损伤，消化不良，小儿吐乳；花外用，治牙痛。

旋花科 Convolvulaceae

打碗花属 *Calystegia*

藤长苗

拉丁名

Calystegia pellita (Ledeb.) G. Don

别　名

狗儿秧，毛胡弯，狗藤花，兔耳苗，野兔子苗，野山药，缠绕天剑，脱毛天剑。

基本形态特征

多年生草本。根细长。茎缠绕或下部直立，圆柱形，有细棱，密被灰白色或黄褐色长柔毛。叶长圆形或长圆状线形。花腋生，单一，花梗短于叶，密被柔毛；苞片卵形；萼片近相等，长圆状卵形，上部具黄褐色缘毛；花冠淡红色，漏斗状，冠檐于瓣中带顶端，被黄褐色短柔毛；雄蕊花丝基部扩大，被小鳞毛。蒴果近球形。种子卵圆形，无毛。

拍摄地点

大庆市杜尔伯特蒙古族自治县草原。

应用价值

观花植物，可用于园林布景。

旋花科 Convolvulaceae

旋花属 *Convolvulus*

银灰旋花

拉丁名

Convolvulus ammannii Desr.

基本形态特征

多年生草本。根状茎短，木质化，茎少数或多数，平卧或上升，枝和叶密被贴生稀半贴生银灰色绢毛。叶互生，线形或狭披针形。花单生枝端，具细花梗；外萼片长圆形或长圆状椭圆形，内萼片较宽，椭圆形，渐尖，密被贴生银色毛；花冠小，漏斗状，淡玫瑰色或白色带紫色条纹。蒴果球形。种子卵圆形，淡褐红色。

拍摄地点

大庆市萨尔图区草原。

应用价值

全草可入药，能解表、止咳，主治感冒、咳嗽。

旋花科 Convolvulaceae

旋花属 *Convolvulus*

中国旋花

拉丁名

Convolvulus chinensis Ker-Gawler

别　名

田旋花，箭叶旋花，扶田秧，扶秧苗，三齿草藤，燕子草，田福花。

基本形态特征

多年生草本。根状茎横走，茎平卧或缠绕，有条纹及棱角，无毛或上部被疏柔毛。叶卵状长圆形至披针形；叶柄较叶片短；叶脉羽状，基部掌状。花序腋生，花柄比花萼长得多；苞片线形；萼片有毛；花冠宽漏斗形，白色或粉红色，或白色具粉红色或红色的瓣中带，或粉红色具红色或白色的瓣中带。蒴果卵状球形或圆锥形。种子卵圆形。花期5—7月份，果期7—8月份。

拍摄地点

大庆市萨尔图区草原。

应用价值

全草入药，调经活血、滋阴补虚。全草治瘟疫，风湿性关节炎，风湿疼痛，风寒湿痹，消化不良，痛经。

旋花科 Convolvulaceae

菟丝子属 *Cuscuta*

菟丝子

拉丁名

Cuscuta chinensis Lam.

别　名

黄丝，豆寄生，龙须子，豆阎王，山麻子，无根草，金丝藤，黄丝藤，无叶藤，无根藤、无娘藤，雷真子。

基本形态特征

一年生缠绕寄生草本。茎缠绕，橙黄色，纤细，无叶。花序侧生，少花或多花簇生成小伞形或小团伞花序，近于无总花序梗；苞片及小苞片小，鳞片状；花梗稍粗壮；花萼杯状，中部以下连合，裂片三角状，顶端钝；花冠白色，壶形，裂片三角状卵形。蒴果扁球形。种子淡褐色，卵形，表面粗糙。

拍摄地点

大庆市萨尔图区草原。

应用价值

种子药用，有补肝肾、益精壮阳、止泻的功能。

紫草科 Boraginaceae

鹤虱属 *Lappula*

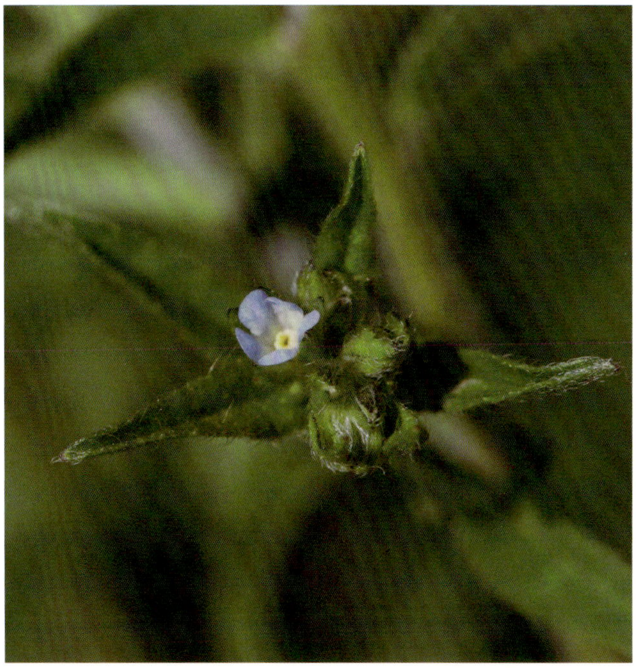

东北鹤虱

拉丁名

Lappula redowskii (Lehm.) Greene

别　名

异刺鹤虱。

基本形态特征

一年生草本。茎直立，上部有分枝，被开展或近贴伏的灰色柔毛。基生叶常呈莲座状，全缘，先端钝，基部渐狭成叶柄，两面被开展或近开展的具基盘的灰色糙毛。花序疏松；苞片线形；花梗短；花萼深裂至基部，裂片线形；花冠淡蓝色，钟状。小坚果腹面具疣状突起。花果期6—9月。

拍摄地点

大庆市大同区草原。

应用价值

果实入药，能消炎杀虫。

紫草科 Boraginaceae

砂引草属 *Messerschmidia*

砂引草

拉丁名

Messerschmidia sibirica L.

基本形态特征

多年生草本。茎单一或数条丛生，通常分枝，密生糙伏毛或白色长柔毛。叶披针形、倒披针形或长圆形，密生糙伏毛或长柔毛，中脉明显，上面凹陷，下面突起，侧脉不明显，无柄或近无柄。花序顶生；萼片披针形，密生向上的糙伏毛；花冠黄白色，钟状，花冠筒较裂片长，外面密生向上的糙伏毛。核果椭圆形或卵球形。花期5—6月，果实7—8月成熟。

拍摄地点

大庆市杜尔伯特蒙古族自治县草原。

应用价值

粗蛋白含量丰富，可做牧草。

紫草科 Boraginaceae

附地菜属 *Trigonotis*

附地菜

拉丁名

Trigonotis peduncularis (Tev.)Baker et Moore

别　名

地胡椒。

基本形态特征

一年生草本。茎通常多条丛生，稀单一，密集。基生叶呈莲座状，有叶柄，叶片匙形或椭圆形，两面被伏毛，茎上部叶长圆形或椭圆形，无叶柄或具短柄。花序生茎顶，幼时卷曲，后渐次伸长；花梗短，花后伸长，顶端与花萼连接部分变粗呈棒状；花萼裂片卵形；花冠淡蓝色或粉色，筒部甚短。早春开始开花，花期甚长。

拍摄地点

大庆市红岗区草原。

应用价值

全草入药，能健胃、消肿止痛、止血；嫩叶可供食用；花美观，可用于点缀花园。

唇形科 Labiatae

筋骨草属 *Ajuga*

多花筋骨草

拉丁名

Ajuga multiflora Bunge

基本形态特征

多年生草本。茎直立，不分枝，四棱形。叶片均纸质，椭圆状长圆形或椭圆状卵圆形。轮伞花序至顶端呈一密集的穗状聚伞花序。花冠蓝紫色或蓝色，筒状，冠檐二唇形，上唇短，先端2裂，裂片圆形，下唇伸长，3裂，中裂片扇形，侧裂片长圆形。小坚果倒卵状三棱形。花期4—5月，果期5—6月。

拍摄地点

大庆市龙凤区草原。

应用价值

全草入药。有凉血止血、消肿、续筋接骨功效。

唇形科 Labiatae

青兰属 *Dracocephalum*

香青兰

拉丁名

Dracocephalum moldavica L.

别　名

摩眼子，山薄荷，蓝秋花，玉米草，香花子，臭仙欢，臭蒿，青蓝，野青兰，青兰。

基本形态特征

一年生草本。茎数个，直立或渐升，常在中部以下具分枝，不明显四棱形，被倒向的小毛，常带紫色。基生叶卵圆状三角形，先端圆钝。轮状聚伞花序生于茎或分枝上部5—12节处；苞片长圆形；花冠淡蓝紫色，外面被白色短柔毛。

拍摄地点

大庆市萨尔图区草原。

应用价值

根含紫草素，可入药，治麻疹不透、斑疹、便秘、腮腺炎等症；外用治烧烫伤。

唇形科 Labiatae

夏至草属 *Lagopsis*

夏至草

拉丁名

Lagopsis supina (Steph.) Knorr.

别　名

灯笼棵，白花夏枯草。

基本形态特征

多年生草本。茎四棱形，具沟槽，带紫红色，密被微柔毛，常在基部分枝。叶片轮廓为圆形，基部心形。轮状聚伞花序疏花，在枝条上部者较密集，在下部者较疏松；小苞片稍短于萼筒，弯曲，刺状，密被微柔毛。花萼管状钟形。花冠白色，稀粉红色，稍伸出于萼筒，外面被绵状长柔毛。小坚果长卵形，褐色，有鳞秕。花期3—4月，果期5—6月。

拍摄地点

大庆市萨尔图区林下。

应用价值

全草入药，可活血调经。

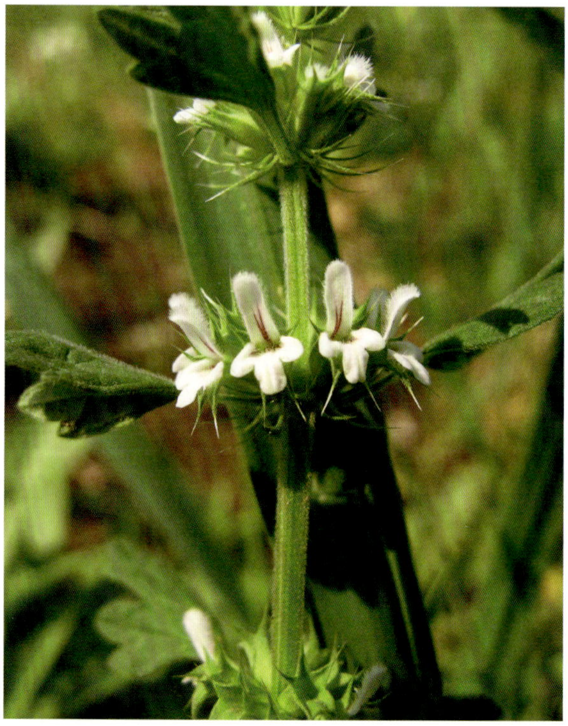

唇形科 Labiatae

益母草属 *Leonurus*

细叶益母草

拉丁名

Leonurus sibiricus L.

别　名

四美草，风葫芦草，龙串彩，红龙串彩，石麻，风车草。

基本形态特征

一年生或二年生草本。茎直立，钝四棱形，微具槽，有短而贴生的糙伏毛。茎最下部的叶早落；花序最上部的苞叶轮廓近于菱形。轮状聚伞花序腋生，多花，花时轮廓为圆球形，多数，向顶渐次密集组成长穗状；小苞片刺状，向下反折，比萼筒短。花萼管状钟形。花冠粉红至紫红色。小坚果长圆状三棱形。花期7—9月，果期9月。

拍摄地点

大庆市大同区草原。

应用价值

药用，主治月经不调、胎漏难产、胞衣不下、产后血晕、瘀血腹痛、痈肿疮疡。

唇形科 Labiatae

益母草属 *Leonurus*

益母草

拉丁名

Leonurus japonicus Houtt.

别　名

益母蒿，坤草，野麻，九重楼，野天麻，野芝麻，红花艾，爱母草。

基本形态特征

一年生或二年生草本。茎直立，方形。叶轮廓变化很大，茎下部叶轮廓为卵形；茎中部叶轮廓为菱形。轮状聚伞花序腋生。花冠粉红至淡紫红色，冠檐二唇形，上唇长圆形，下唇3裂，中裂片倒心形，侧裂片卵圆形。小坚果长圆状三棱形，淡褐色。花期6—9月，果期9—10月。

拍摄地点

大庆市龙凤区草原。

应用价值

全草入药，有效成分为益母草素，用于闭经、痛经、月经不调、产后出血过多、恶露不尽、产后子宫收缩不全、胎动不安、子宫脱垂及赤白带下等症。

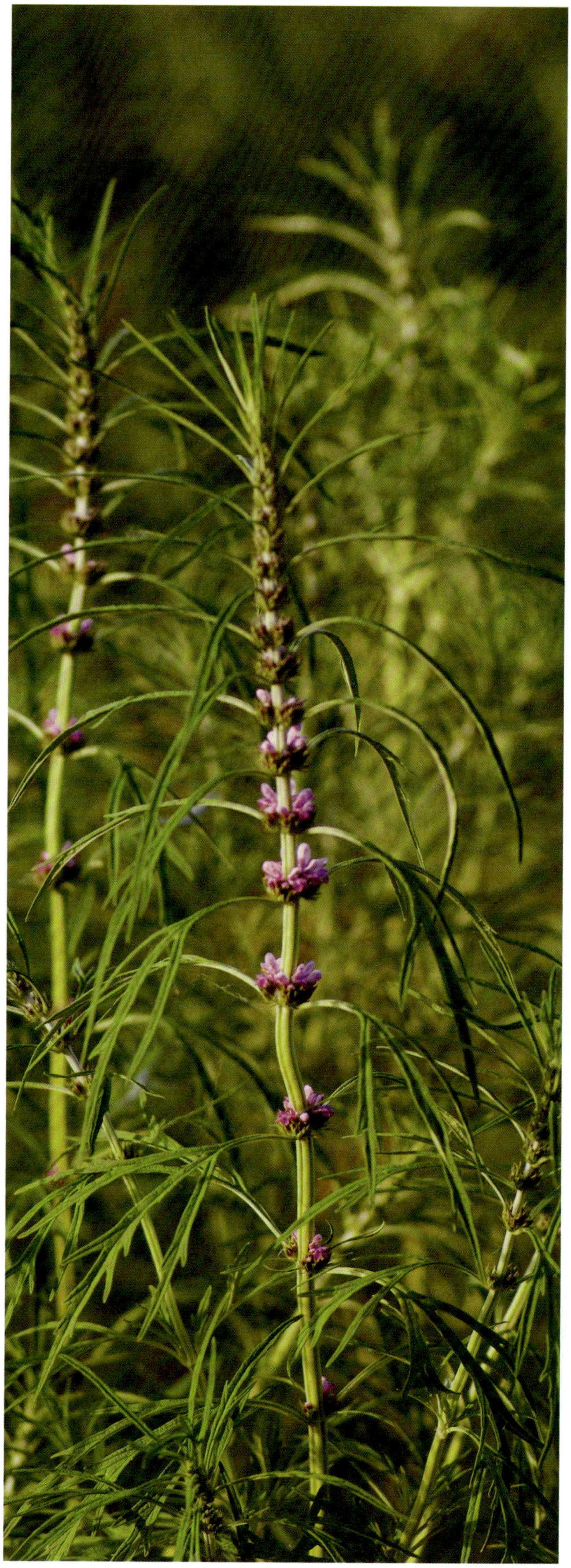

唇形科 Labiatae

地瓜苗属 *Lycopus*

地瓜苗

拉丁名

Lycopus lucidus Turcz.

别　名

地笋，矮地瓜苗，野麻花，地环，地喇叭，地环子，地石蚕，地瘤，地罗子，冷草，地牛七，山螺丝，洋参，土人参，地人参，方梗草，竹节草，水香，假油麻，旱藕，接古草，蛇王草，观音笋，田螺菜，麻泽兰，地笋子，野地藕，地藕，旱藕，银条菜。

基本形态特征

多年生草本。茎直立，方形，具槽，绿色，常于节上多少带紫红色，无毛，或在节上疏生小硬毛。叶长椭圆状披针形或披针形，暗绿色，上面密被细刚毛状硬毛，叶缘具缘毛，下面主要在肋及脉上被刚毛状硬毛，两端渐狭，边缘具锐齿。 轮状聚伞花序无梗，轮廓圆球形，多花密集；小苞片卵圆形至披针形；花萼钟形；花冠白色。小坚果倒卵状三棱形。花期6—9月，果期8—11月。

拍摄地点

大庆市杜尔伯特蒙古族自治县水源地。

应用价值

全草入药，乃《本草经》中著录的泽兰正品，为妇科要药，能通经利尿，对产前产后诸病有效；根通称地笋，可食，又为金疮肿毒良剂，并治风湿关节痛。

唇形科 Labiatae

薄荷属 *Mentha*

薄荷

拉丁名

Mentha haplocalyx Briq.

别　名

野薄荷，南薄荷，夜息香，野仁丹草，见肿消，水薄荷，水益母，接骨草，水薄荷，土薄荷，鱼香草，香薷草。

基本形态特征

多年生草本。茎直立，下部数节具纤细的须根及水平匍匐根状茎，四棱形，具四槽，上部被倒向微柔毛，下部仅沿棱上被微柔毛，多分枝。叶片对生，披针形，边缘有粗锯齿。轮状聚伞花序腋生，轮廓球形；花梗纤细；花萼管状钟形；花冠淡紫色。小坚果卵形，黄褐色，具小腺窝。花期7—9月，果期10月。

拍摄地点

大庆市大同区草原。

应用价值

幼嫩茎尖可做菜食；全草又可入药，治感冒发热喉痛、头痛、目赤痛、皮肤风疹瘙痒、麻疹不透等症。

唇形科 Labiatae

糙苏属 *Phlomis*

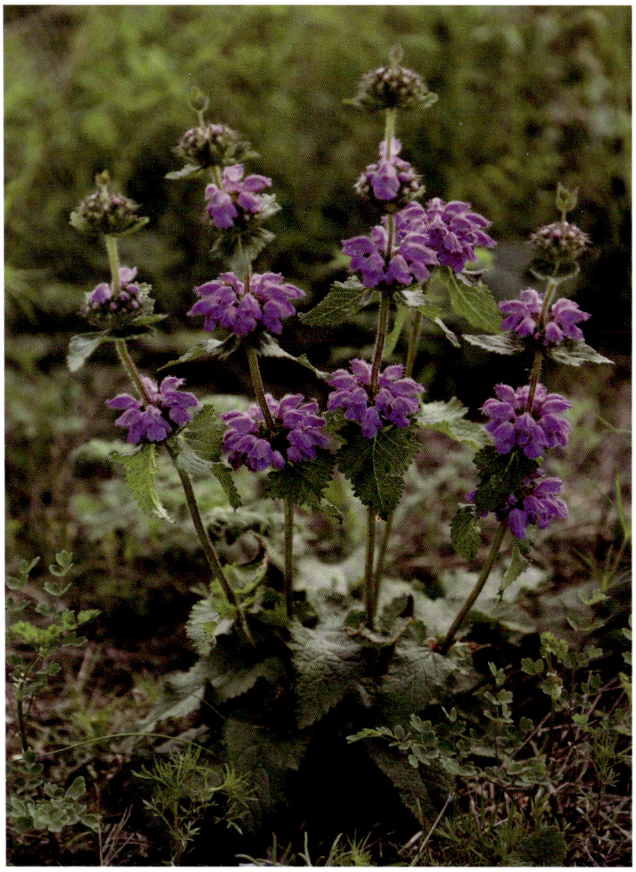

块根糙苏

拉丁名

Phlomis tuberosa L.

基本形态特征

多年生草本。茎具分枝，下部近无毛，下部被疏柔毛，染紫红色或绿色。基生叶下部的茎生叶三角形；苞叶披针形，稀卵圆形，边缘锐牙齿状，叶片均上面橄榄绿色，被极疏具节刚毛或近无毛，下面较淡，无毛或仅脉上被极疏具节刚毛。轮状聚伞花序多数，多花密集；苞片线状钻形；花萼管状钟形；花冠紫红色。小坚果顶端被星状短毛。花果期7—9月。

拍摄地点

大庆市大同区草原。

应用价值

全草入药，用于月经失调、梅毒、化脓性创伤等。

唇形科 Labiatae

黄芩属 *Scutellaria*

黄芩

拉丁名

Scutellaria baicalensis Georgi

基本形态特征

多年生草本。根茎肥厚，肉质。茎形，具细条纹。叶坚纸质，披针形，全缘。花序总状，常于茎顶聚成圆锥花序。花冠紫色、紫红色至蓝色；冠檐2唇形，上唇盔状，下唇中裂片三角状卵圆形。小坚果卵球形，黑褐色。花期7—8月，果期8—9月。

拍摄地点

大庆市龙凤区草原。

应用价值

根茎为清凉性解热消炎药，对上呼吸道感染、急性胃肠炎等均有功效，少量服用有苦补健胃的作用；此外茎秆可提制芳香油，亦可代茶用而称为芩茶。

唇形科 Labiatae

黄芩属 *Scutellaria*

并头黄芩

拉丁名

Scutellaria scordifolia Schrenk

别　名

头巾草，山麻子。

基本形态特征

根茎斜行或近直伸。茎直立，四棱形，不分枝。叶片三角状狭卵形。花单生于茎上部的叶腋内；花冠蓝紫色；冠檐2唇形，上唇盔状，下唇中裂片圆状卵圆形，2侧裂片卵圆形。小坚果黑色，椭圆形。花期6—8月，果期8—9月。

拍摄地点

大庆市红岗区草原。

应用价值

全草入药。清热解毒、泻热利尿。用于各种热毒病症。叶可代茶用。

唇形科 Labiatae

水苏属 *Stachys*

华水苏

拉丁名

Stachys chinensis Benth.

别　名

水苏。

基本形态特征

多年生草本。茎单一，不分枝，或常于基部分枝，四棱形，具槽，在棱及节上疏被倒向柔毛状刚毛，余部无毛。茎叶长圆状披针形。小苞片刺状；花萼钟形；花冠紫色，外面仅于上唇被微柔毛，内面在下唇片基部被微柔毛及冠筒近基部1/3有不明显的疏柔毛毛环。小坚果卵圆状三棱形，褐色，无毛。花期6—8月，果期7—9月。

拍摄地点

大庆市让胡路区星火牧场。

应用价值

观花植物，可用于园林布景。

唇形科 Labiatae

百里香属 *Thymus*

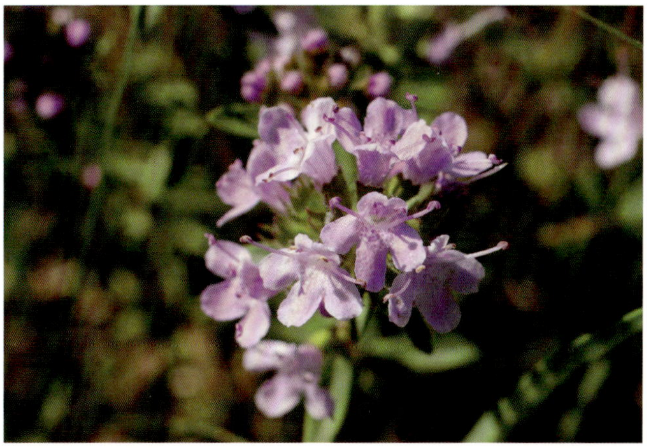

显脉百里香

拉丁名

Thymus nervulosus Klok.

基本形态特征

半灌木。茎纤细，多数丛生，上升；不育枝从茎的末端或基部生出，被有向下弯曲的疏柔毛；花枝少数，从茎或直接从根茎生出。叶具短柄，椭圆形、长圆状卵圆形或长圆形。花序头状，有时具有不发育远离的轮伞花序。花萼管状钟形，下部被疏柔毛，上部略被毛但在齿下方无毛。花冠内外被短柔毛，冠筒较长，伸出花萼。花期7月。

拍摄地点

大庆市林甸县草原。

应用价值

观花植物，可用于园林布景。

茄科 Solanaceae

枸杞属 *Lycium*

枸杞

拉丁名

Lycium chinense Mill.

别　名

枸杞菜，红珠仔刺，牛吉力，狗牙子，狗牙根，狗奶子。

基本形态特征

多年生小灌木。枝条细弱，弓状弯曲或俯垂，淡灰色，有纵条纹，小枝顶端锐尖成棘刺状。叶卵形或披针形。花在长枝上单生或双生于叶腋，在短枝上则同叶簇生；花冠漏斗状，淡紫色。浆果红色，卵圆状。种子扁肾脏形，黄色。花果期6—11月。

拍摄地点

大庆市龙凤区草原。

应用价值

果实药用，可养肝、滋肾、润肺；枸杞叶可补虚益精、清热明目；根皮有解热止咳之效用；嫩叶可做蔬菜；种子油可制润滑油或食用油。

茄科 Solanaceae

茄属 *Solanum*

龙葵

拉丁名

Solanum nigrum L.

别　名

野辣虎，野海椒，小苦菜，石海椒，野伞子，野海角，山辣椒，野茄秧，小果果，白花菜，地泡子，飞天龙，天茄菜。

基本形态特征

一年生直立草本。茎无棱或棱不明显，绿色或紫色，近无毛或被微柔毛。叶卵形，近全缘或每边具不规则的波状粗齿，光滑或两面均被稀疏短柔毛。伞状聚伞花序腋外生，花梗近无毛或具短柔毛；萼小，浅杯状；花冠白色，筒部隐于萼内。浆果球形，熟时紫黑色。种子多数，近卵形，两侧压扁。

拍摄地点

大庆市龙凤区林下。

应用价值

全株入药，可散瘀消肿、清热解毒。

茄科 Solanaceae

茄属 *Solanum*

青杞

拉丁名

Solanum septemlobum Bunge

别　名

蜀羊泉，野狗杞，野茄子，狗杞子。

基本形态特征

茎具棱角，被白色具节弯卷的短柔毛至近于无毛。叶互生，卵形，全缘或具尖齿，两面均疏被短柔毛，在中脉、侧脉及边缘上较密。二歧聚伞花序，顶生或腋外生，总花梗具微柔毛或近无毛，花梗纤细；萼小，杯状；花冠青紫色，花冠筒隐于萼内；花药黄色，长圆形。浆果近球状，熟时红色；种子扁圆形。花期夏秋间，果熟期秋末冬初。

拍摄地点

大庆市龙凤区林下。

应用价值

观花观果植物，可用于园林观赏。

玄参科 Scrophulariaceae

芯芭属 *Cymbaria*

达乌里芯芭

拉丁名

Cymbaria dahurica L.

基本形态特征

多年生草本。密被白色绢毛，使植体成为银灰白色。茎多条自根茎分枝顶部发出，成丛，基部为紧密的鳞片所覆盖，老时基部木质化。叶对生，无柄，线形至线状披针形，全缘或偶有稍稍分裂。总状花序顶生，花少数，单生于苞腋；萼下部筒状，外部密被丝状柔毛；花冠黄色，外被白色柔毛，内面有腺点。蒴果革质。种子卵形。花期6—8月，果期7—9月。

拍摄地点

大庆市杜尔伯特蒙古族自治县草原。

应用价值

全草用于黄水疮，小儿胎毒，疮痒，牛皮癣，肿块，伤口出血。

玄参科 Scrophulariaceae

柳穿鱼属 *Linaria*

柳穿鱼

拉丁名

Linaria vulgaris L. var. *sinensis* Bebeaux

别　名

通泉草

基本形态特征

多年生草本。茎叶无毛。茎直立，常在上部分枝。叶通常多数而互生，少下部的轮生，上部的互生，更少全部叶都成4枚轮生的，条形至条状披针形，常单脉。总状花序，花期短而花密集，果期伸长而果疏离，花序轴及花梗无毛或有少数短腺毛；苞片条形至狭披针形；花萼裂片披针形；花冠黄色。蒴果卵圆形。种子盘状。花期6—9月。

应用价值

药用，全草可治风湿性心脏病；地上部分可清热解毒、散瘀消肿。用于头痛，头晕，黄疸，小便不利，痔疮，便秘，皮肤病，烧烫伤等。

玄参科 Scrophulariaceae

通泉草属 Mazus

弹刀子菜

拉丁名

Mazus stachydifolius (Turcz.) Maxim

别　名

通泉草

基本形态特征

多年生草本。全体被多细胞白色长柔毛。茎直立，圆柱形。基生叶匙形，有短柄，常早枯萎；茎生无柄，长椭圆形至倒卵状披针形，边缘具不规则锯齿。总状花序顶生；花冠蓝紫色，花冠筒与唇部近等长，上唇短，顶端2裂，下唇宽大，3裂。花期4—6月，果期7—9月。

拍摄地点

大庆大同区草原。

应用价值

药用，用于疮疖肿毒，毒蛇咬伤，跌打损伤。

玄参科 Scrophulariaceae

阴行草属 *Siphonostegia*

阴行草

拉丁名

Siphonostegia chinensis Benth.

基本形态特征

一年生草本。直立，干时变为黑色，密被锈色短毛。茎中空，基部常有少数宿存膜质鳞片。叶对生，全部为茎出，下部叶常早枯，上部叶茂密；叶片厚纸质，广卵形，两面皆密被短毛。花对生于茎枝上部，或有时假对生，构成疏总状花序；苞片叶状，较萼短；花梗短；花冠上唇红紫色，下唇黄色。蒴果被包于宿萼内。花期6—8月。

拍摄地点

大庆市红岗区草原。

应用价值

全草可供药用，具有清热利湿、凉血止血、散瘀止痛之功效，主治黄疸型肝炎、胆囊炎、蚕豆病、泌尿系统的结石、小便不利、尿血、便血、产后淤血腹痛；外用治创伤出血，烧伤烫伤。

玄参科 Scrophulariaceae

婆婆纳属 *Veronica*

细叶婆婆纳

拉丁名

Veronica linariifolia Link

基本形态特征

根状茎短。茎直立，单生，常不分枝，通常有白色而多卷曲的柔毛。叶对生，倒卵状披针形至线状披针形，下端全缘而中上端边缘有三角状锯齿，极少整片叶全缘的，两面无毛或被白色柔毛。总状花序穗状；花冠蓝色、紫色，少白色；花丝无毛，伸出花冠。花期6—9月。

拍摄地点

大庆市杜尔伯特蒙古族自治县草原。

应用价值

药用，主治慢性气管炎、肺化脓症；外用治痔疮、皮肤湿疹、风疹瘙痒、疖痛疮疡。有清肺、化痰、止咳、解毒作用。

玄参科 Scrophulariaceae

腹水草属 *Veronicastrum*

管花腹水草

拉丁名

Veronicastrum tubiflorum (Fisch. et C. A. Mey.) Hara.

别　名

柳叶婆婆纳。

基本形态特征

直立草本。无根状茎。根无毛。茎不分枝，上部被倒生细柔毛。叶互生，无柄，条形，单条叶脉，边缘疏生细尖锯齿，上面被短刚毛，下面密生细柔毛，老时两面秃净，厚纸质。花序顶生，花序轴及花梗多少被细柔毛；花萼裂片披针形，具短睫毛；花冠蓝色或淡红色。蒴果卵形，顶端急尖。花期6—8月。

拍摄地点

大庆市杜尔伯特蒙古族自治县草原。

应用价值

观花植物，可用于城市绿化。

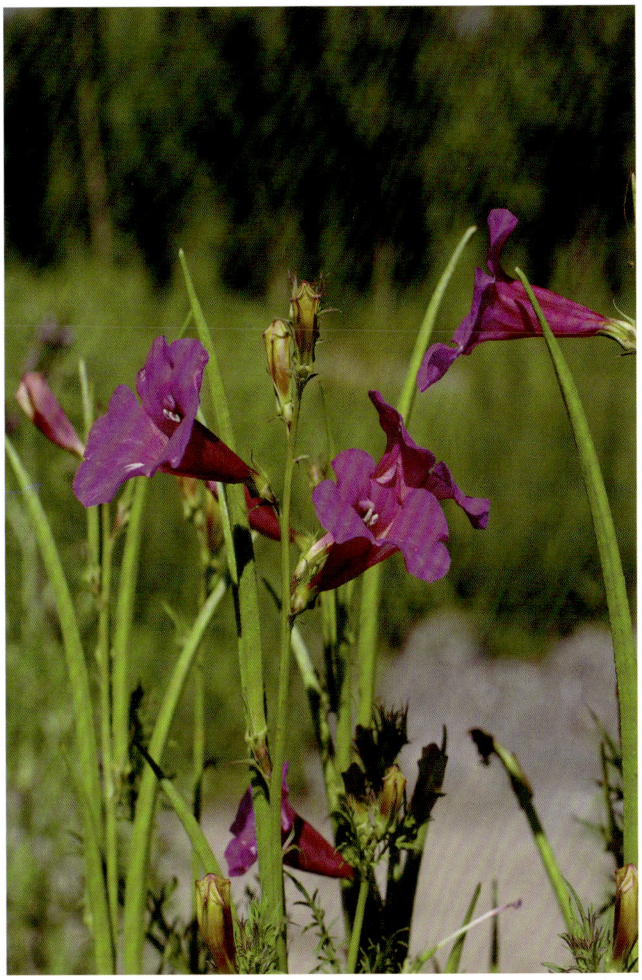

紫葳科 Bignoniaceae

角蒿属 *Incarvillea*

角蒿

拉丁名

Incarvillea sinensis Lam.

别　名

莪蒿、萝蒿、冰耘草、大一枝蒿、羊角蒿、羊角透骨草、羊角草。

基本形态特征

一年生草本。具分枝的茎。叶互生，不聚生于茎的基部，2—3回羽状复叶，形态多变异，小叶不规则细裂，末回裂片线状披针形，具细齿或全缘。顶生总状花序，疏散；小苞片绿色，线形；花萼钟状，绿色带紫红色；花冠紫红色，唇形。蒴果淡绿色，细圆柱形。花期5—9月，果期10—11月。

拍摄地点

大庆市大同区草原。

应用价值

药用，可祛风湿、解毒、杀虫，主治风湿关节痛、跌打损伤、口疮、牙龈溃烂、耳疮、湿疹、疥癣等症。

列当科 Orobanchaceae

列当属 *Orobanche*

列当

拉丁名

Orobanche coerulescens Steph.

别　名

兔子拐棍，独根草。

基本形态特征

二年生或多年生寄生草本，全株密被蛛丝状长绵毛。茎直立，不分枝，具明显的条纹。叶披针形，连同苞片和花萼外面及边缘密被蛛丝状长绵毛。花多数，排列成穗状花序；苞片与叶同形并近等大。花冠深蓝色、蓝紫色或淡紫色，筒部在花丝着生处稍上方缢缩。蒴果卵状椭圆形，干后深褐色。花期4—7月，果期7—9月。

拍摄地点

大庆市龙凤区草原。

应用价值

全草药用，有补肾壮阳、强筋骨、润肠之效，主治阳痿、腰酸腿软、神经官能症及小儿腹泻等。外用可消肿。

列当科 Orobanchaceae

列当属 *Orobanche*

黄花列当

拉丁名

Orobanche pycnostachya Hance

基本形态特征

二年生或多年生草本。茎不分枝，直立，基部稍膨大。叶卵状披针形或披针形。花序穗状，圆柱形，具多数花；苞片卵状披针形。花冠黄色，筒中部稍弯曲。蒴果长圆形，干后深褐色。种子多数，长圆形。花期4—6月。

拍摄地点

大庆市大同区草原。

应用价值

全草入药，具有补肾助阳、强筋骨的功能。

列当科 Orobanchaceae

列当属 *Orobanche*

黑水列当

拉丁名

Orobanche amurensis (G. Beck) Kom.

基本形态特征

二年生或多年生草本，全株密被腺毛。茎不分枝，直立，基部稍膨大。叶卵状披针形或披针形。花序穗状，圆柱形，顶端锥状，具多数花；苞片卵状披针形；花冠蓝色或紫色，筒中部稍弯曲，在花丝着生处稍上方缢缩，向上稍增大。子房长圆状椭圆形。蒴果长圆形，干后深褐色。种子多数，长圆形。花期5—6月，果期6—8月。

拍摄地点

大庆市大同区草原。

狸藻科 Lentibulariaceae

狸藻属 *Utricularia*

狸藻

拉丁名

Utricularia vulgaris L.

别　名

黄花狸藻。

基本形态特征

水生草本。匍匐枝圆柱形，多分枝，无毛。叶互生。秋季于匍匐枝及其分枝的顶端产生冬芽，冬芽球形或卵球形。捕虫囊通常多数，侧生于叶器裂片上，斜卵球状。花序直立，无毛；花序梗圆柱状；苞片与鳞片同形，基部着生，宽卵形、圆形或长圆形。花冠黄色。蒴果球形。种子扁压。花期6—8月，果期7—9月。

拍摄地点

大庆市杜尔伯特蒙古族自治县水源地。

应用价值

观赏植物，可用于园林布景。

车前科 Plantaginaceae

车前属 *Plantago*

大车前

拉丁名

Plantago major L.

别　名

钱贯草，大猪耳朵草。

基本形态特征

二年生或多年生草本。叶基生呈莲座状，平卧、斜展或直立；叶片草质、薄纸质或纸质，宽卵形至宽椭圆形。花序一至数个；花序梗直立或弓曲上升；穗状花序细圆柱状，基部常间断；苞片宽卵状三角形。花无梗；花冠白色，无毛，冠筒等长或略长于萼片，花药椭圆形。蒴果近球形、卵球形或宽椭圆球形。种子卵形、椭圆形或菱形。花期6—8月，果期7—9月。

拍摄地点

大庆市杜尔伯特蒙古族自治县草原。

应用价值

大车前幼苗和嫩茎可供食用；植株全草和种子均可入药，具有清热利尿、祛痰、凉血、解毒功能，用于水肿、尿少、热淋涩痛、暑湿泻痢、痰热咳嗽、吐血、痈肿疮毒。

车前科 Plantaginaceae

车前属 *Plantago*

平车前

拉丁名

Plantago depressa Willd.

别　名

车前草，车串串，小车前。

基本形态特征

一年生或二年生草本。叶基生呈莲座状，平卧、斜展或直立；叶片纸质，椭圆形、椭圆状披针形或卵状披针形，边缘具浅波状钝齿、不规则锯齿或牙齿。花序3—10个；穗状花序细圆柱状，上部密集，基部常间断；苞片三角状卵形。花冠白色，无毛。蒴果卵状椭圆形至圆锥状卵形。花期5—7月，果期7—9月。

拍摄地点

大庆市萨尔图区草原。

应用价值

全草入药，主治肾炎、尿路感染、尿闭、水肿、感冒、咳嗽、支气管炎、肠炎、腹泻、痢疾、黄疸型肝炎等。

败酱科 Valerianaceae

败酱属 *Patrinia*

败酱

拉丁名

Patrinia scabiosaefolia Trev.

别　名

黄花龙牙，黄花苦菜，苦菜，山芝麻，麻鸡婆，将军草，野黄花，野芹。

基本形态特征

多年生草本。茎直立，黄绿色至黄棕色，有时带淡紫色。基生叶丛生，花时枯落，卵形、椭圆形或椭圆状披针形；茎生叶对生，宽卵形至披针形。复伞房花序顶生；花序梗上方一侧被开展白色粗糙毛；总苞线形，甚小；苞片小；花小，萼齿不明显；花冠钟形，黄色。瘦果长方椭圆形。花期7—9月。

拍摄地点

大庆市大同区草原。

应用价值

全草入药，能清热解毒、消肿排脓、活血散瘀，治慢性阑尾炎疗效极显著。

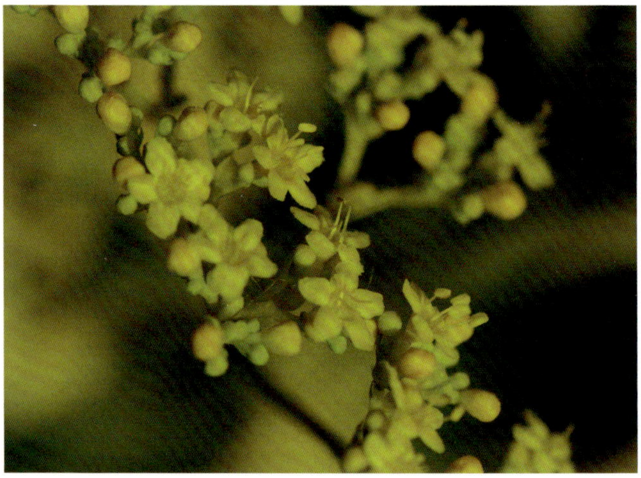

川续断科 Dipsacaceae

蓝盆花属 *Scabiosa*

窄叶蓝盆花

拉丁名

Scabiosa comosa Roem. et Schult.

别　名

细叶山萝卜，蒙古山萝卜。

基本形态特征

多年生草本。根棕褐色，里面白色。茎直立，具棱。基生叶成丛，叶片轮廓窄椭圆形，羽状全裂；茎生叶对生，叶片轮廓长圆形，1—2回狭羽状全裂。头状花序；花冠蓝紫色，中央花冠筒状，先端5裂，裂片等长，边缘花二唇形，上唇2裂，下唇3裂。瘦果长圆形。花期7—8月，果期9月。

拍摄地点

大庆市龙凤区草原。

应用价值

花序入药。治头痛，发烧，肺热咳嗽，黄疸。

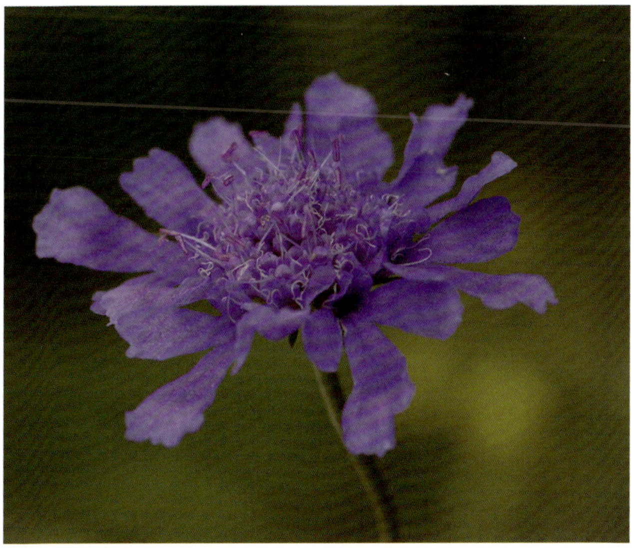

桔梗科 Campanulaceae

沙参属 *Adenophora*

轮叶沙参

拉丁名

Adenophora tetraphylla (Thunb.) Fisch.

别　名

南沙参，四叶沙参。

基本形态特征

茎高大，不分枝，无毛，少有毛。茎生叶3—6枚轮生，无柄或有不明显叶柄，叶片卵圆形至条状披针形，边缘有锯齿，两面疏生短柔毛。花序狭圆锥状，花序分枝（聚伞花序）大多轮生，生数朵花或单花。花萼无毛，筒部倒圆锥状，裂片钻状，全缘；花冠筒状细钟形，口部稍缢缩，蓝色、蓝紫色。蒴果球状圆锥形或卵圆状圆锥形。花期7—9月。

拍摄地点

大庆市红岗区草原。

应用价值

根入药，具清热养阴、润肺止咳的功能，用于肺热咳嗽、痰黄稠。

桔梗科 Campanulaceae

沙参属 *Adenophora*

锯齿沙参

拉丁名

Adenophora tricuspidata (Roem. et Schult.) A. DC.

基本形态特征

茎单生，少两枝发自一条茎基上，不分枝，无毛。茎生叶互生，无柄亦无毛，长椭圆形至卵状椭圆形，边缘具齿尖向叶顶的锯齿。花序分枝极短，具2至数朵花，组成狭窄的圆锥花序。花梗很短；花萼无毛，筒部球状卵形或球状倒圆锥形；裂片卵状三角形，下部宽而重叠；花冠宽钟状，蓝色、蓝紫色或紫蓝色，裂片卵圆状三角形。蒴果近于球状。

拍摄地点

大庆市红岗区草原。

应用价值

根入药，可养阴清热、润肺化痰、益胃生津，主治阴虚久咳、燥咳痰少、虚热喉痹、津伤口渴。

桔梗科 Campanulaceae

沙参属 *Adenophora*

扫帚沙参

拉丁名

Adenophora stenophylla Hemsl.

别　名

细叶沙参，蒙古沙参。

基本形态特征

茎通常多枝发自一条根上，常有细弱分枝，加之叶较密集，因此体态为扫帚状，密被短毛至无毛。基生叶卵圆形；茎生叶无柄，针状至长椭圆状条形。花序分枝纤细，几乎垂直上升，组成狭圆锥花序，极少无花序分枝，仅数朵花集成假总状花序。花梗纤细；花萼无毛，筒部矩圆状倒卵形；花冠钟状，蓝色或紫蓝色。蒴果椭圆状至长椭圆状。花期7—9月，果期9月。

拍摄地点

大庆市萨尔图区草原。

应用价值

根入药，可养阴清热、润肺化痰、益胃生津，主治阴虚久咳、燥咳痰少、虚热喉痹、津伤口渴。

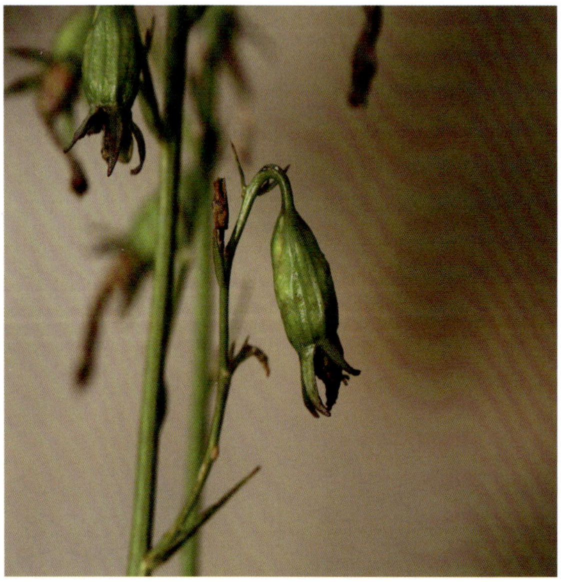

桔梗科 Campanulaceae

桔梗属 *Platycodon*

桔梗

拉丁名

Platycodon grandiflorum (Jacq.) DC.

基本形态特征

多年生草本植物。茎高20—120厘米，通常无毛，偶密被短毛，不分枝，极少上部分枝。叶全部轮生，部分轮生至全部互生，无柄或有极短的柄，叶片卵形至卵状披针形。花单朵顶生，或数朵集成假总状花序，或有花序分枝而集成圆锥花序；花萼筒部半圆球状或圆球状倒锥形，被白粉，裂片三角形。蒴果球状。花期7—9月。

拍摄地点

大庆市杜尔伯特蒙古族自治县草原。

应用价值

根药用，含桔梗皂甙，有止咳、祛痰、消炎等效。

菊科 Compositae

飞蓬属 *Erigeron*

小飞蓬

拉丁名

Erigeron canadensis L.

别　名

小蓬草，加拿大蓬，飞蓬　。

基本形态特征

一年生草本。具纤维状根。茎直立，圆柱状，有条纹，被疏长硬毛，上部多分枝。叶密集，基部叶花期常枯萎，下部叶倒披针形；总苞近圆柱状；总苞片淡绿色，线状披针形或线形；花托平，具不明显的突起；雌花多数，舌状，白色；两性花淡黄色，花冠管状；瘦果线状披针形，被贴微毛；冠毛污白色。花期5—9月。

拍摄地点

大庆市肇州县托古乡林场林下。

应用价值

嫩茎、叶可做猪饲料；全草入药，可消炎止血、祛风湿，治血尿、水肿、肝炎、胆囊炎、小儿头疮等症。

菊科 Compositae

狗娃花属 *Heteropappus*

阿尔泰狗娃花

拉丁名

Heteropappus altaicus (Willd.) Novop.

基本形态特征

多年生草本。有横走或垂直的根。茎直立，被上曲或有时开展的毛，上部常有腺，上部或全部有分枝。基部叶在花期枯萎；下部叶条形或矩圆状披针形，倒披针形或近匙形。头状花序，单生枝端或排成伞房状。总苞半球形；总苞近等长或外层稍短，矩圆状披针形或条形。舌状花，有微毛；舌片浅蓝紫色，矩圆状条形。花果期5—9月。

拍摄地点

大庆市萨尔图区草原。

应用价值

花序或全草入药，可清热降火、排脓，用于肝胆火旺、疱疹疮疖。根可散寒润肺、降气化痰、止咳利尿，用于阴虚咳血、咳嗽痰喘。

菊科 Compositae

马兰属 *Kalimeris*

全叶马兰

拉丁名

Kalimeris integrifolia DC.

基本形态特征

多年生草本。有长纺锤状直根。茎直立，单生或数个丛生，被细硬毛，中部以上有近直立的帚状分枝。下部叶在花期枯萎；中部叶多而密，条状披针形、倒披针形或矩圆形。头状花序单生枝端且排成疏伞房状。总苞半球形；总苞片3层，覆瓦状排列，外层近条形；舌片淡紫色。瘦果倒卵形。花期6—10月，果期7—11月。

拍摄地点

大庆市林甸县草原。

应用价值

全草入药，可清热解毒、止血消肿、利湿。花序入药，可清热明目。

菊科 Compositae

碱菀属 *Tripolium*

碱菀

拉丁名

Tripolium vulgare Nees

别　名

竹叶菊，铁杆蒿，金盏菜。

基本形态特征

一年生或二年生盐生草本。茎直立，下部带红；叶多肉质。头状花序排成伞房状，有长花序梗。总苞近管状，花后钟状。总苞片疏覆瓦状排列，绿色，边缘常红色，干后膜质，无毛，外层披针形或卵圆形，顶端钝，内层狭矩圆形。舌状花1层。瘦果扁，有边肋，两面各有1脉，被疏毛。花果期8—12月。

拍摄地点

大庆市杜尔伯特蒙古族自治县草原。

应用价值

可做强盐碱土和碱土的指示植物。

菊科 Compositae

女菀属 *Turczaninowia*

女菀

拉丁名

Turczaninowia fastigiata (Fisch.) DC.

基本形态特征

根茎粗壮。茎直立，被短柔毛，下部常脱毛，上部有伞房状细枝。下部叶在花期枯萎，条状披针形，全缘，中部以上叶渐小，披针形或条形；下面灰绿色，密被短毛及腺点，上面无毛，边缘有糙毛。头状花序，多数在枝端密集；花序梗纤细；总苞片被密短毛，顶端钝，外层矩圆形；舌状花白色。冠毛约与管状花花冠等长。瘦果矩圆形。花果期8—10月。

拍摄地点

大庆市龙凤区草原。

应用价值

全草入药，具有温肺化痰、健脾利湿之功效。常用于咳嗽气喘，泻痢，小便短涩。

菊科 Compositae

旋覆花属 *Inula*

线叶旋覆花

拉丁名

Inula lineariifolia Turcz.

基本形态特征

多年生草本。茎直立，有细沟，被短柔毛，上部常被长毛，杂有腺体，中部以上或上部有多数细长常稍直立的分枝。基部叶和下部叶在花期常生存，线状披针形，有时椭圆状披针形。头状花序；花序梗短或细长。总苞半球形；内层较狭，顶端尖，除中脉外干膜质，有缘毛。舌状花较总苞长2倍；舌片黄色，长圆状线形。子房和瘦果圆柱形。花期7—9月，果期8—10月。

拍摄地点

大庆市龙凤区草原。

应用价值

根入药，可健脾和胃、调气解郁、止痛安胎。

菊科 Compositae

旋覆花属 *Inula*

欧亚旋覆花

拉丁名

Inula britannica L.

别　名

旋覆花，大花旋覆花。

基本形态特征

多年生草本。茎直立，单生或2—3个簇生，基部常有不定根，上部有伞房状分枝，被长柔毛，全部有叶。基部叶在花期常枯萎，长椭圆形或披针形。头状花序1—5个，生于茎端或枝端。总苞半球形。舌状花舌片线形，黄色。管状花花冠上部稍宽大，有三角披针形裂片；冠毛1层，白色，与管状花花冠约等长。瘦果圆柱形。花期7—9月，果期8—10月。

拍摄地点

大庆市大同区草原。

应用价值

观赏花卉，可用于园林布景。

菊科 Compositae

火绒草属 *Leontopodium*

火绒草

拉丁名

Leontopodium leontopodioides (Willd.) Beauv.

别　名

火绒蒿，大头毛香，海哥斯梭利，老头草，老头艾。

基本形态特征

多年生草本。花茎直立，被灰白色长柔毛或白色近绢状毛，不分枝或有时上部有伞房状或近总状花序枝；叶下部较密，上部较疏。苞叶少数，较上部叶稍短，常较宽，长圆形或线形。头状花序大。总苞半球形，被白色棉毛；总苞片约4层，无色或褐色。小花雌雄异株，稀同株；瘦果有乳头状突起或密粗毛。花果期7—10月。

拍摄地点

大庆市龙凤区草原。

应用价值

全草药用，可清热消肿，用于咽喉肿痛、瘀血肿痛、跌打损伤、痈疽疮疡、关节红肿疼痛等。

菊科 Compositae

鬼针草属 *Bidens*

小花鬼针草

拉丁名

Bidens parviflora Willd.

别　名

细叶刺针草，小刺叉，小鬼叉，锅叉草，一包针。

基本形态特征

一年生草本。茎下部圆柱形，有纵条纹，中上部常为钝四方形。叶对生，具柄，背面微凸或扁平，腹面有沟槽，槽内及边缘有疏柔毛。头状花序单生茎端及枝端，具长梗。总苞筒状，基部被柔毛，草质，条状披针形，边缘被疏柔毛，内层苞片稀疏，托片状。托片长椭圆状披针形，膜质，具狭而透明的边缘。无舌状花，盘花两性，花冠筒状。瘦果条形。

拍摄地点

大庆市让胡路区星火牧场。

应用价值

全草入药，有清热解毒、活血散瘀之效，主治感冒发热、咽喉肿痛、肠炎、阑尾炎、痔疮、跌打损伤、冻疮、毒蛇咬伤。

菊科 Compositae

牛膝菊属 *Galinsoga*

牛膝菊

拉丁名

Galinsoga parviflora Cav.

别　名

辣子草，向阳花，珍珠草。

基本形态特征

一年生草本。茎纤细，全部茎枝被贴伏短柔毛和少量腺毛。叶对生，卵形或长椭圆状卵形。头状花序半球形，多数在茎枝顶端排成疏松的伞房花序。总苞半球形或宽钟状；总苞片外层短，内层卵形或卵圆形，白色，膜质；管状花花冠黄色。花果期7—10月。

拍摄地点

大庆市林甸县草原。

应用价值

全草药用，有止血、消炎之功效，对外伤出血、扁桃体炎、咽喉炎、急性黄疸型肝炎有一定的疗效。

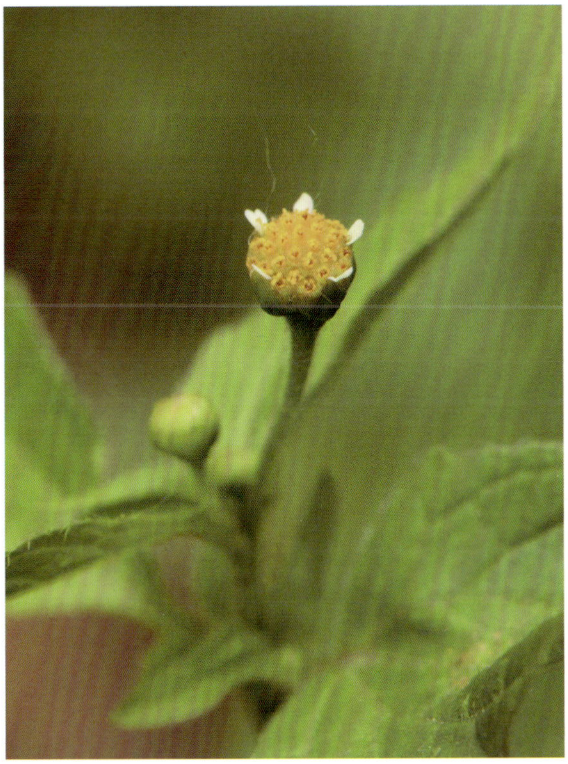

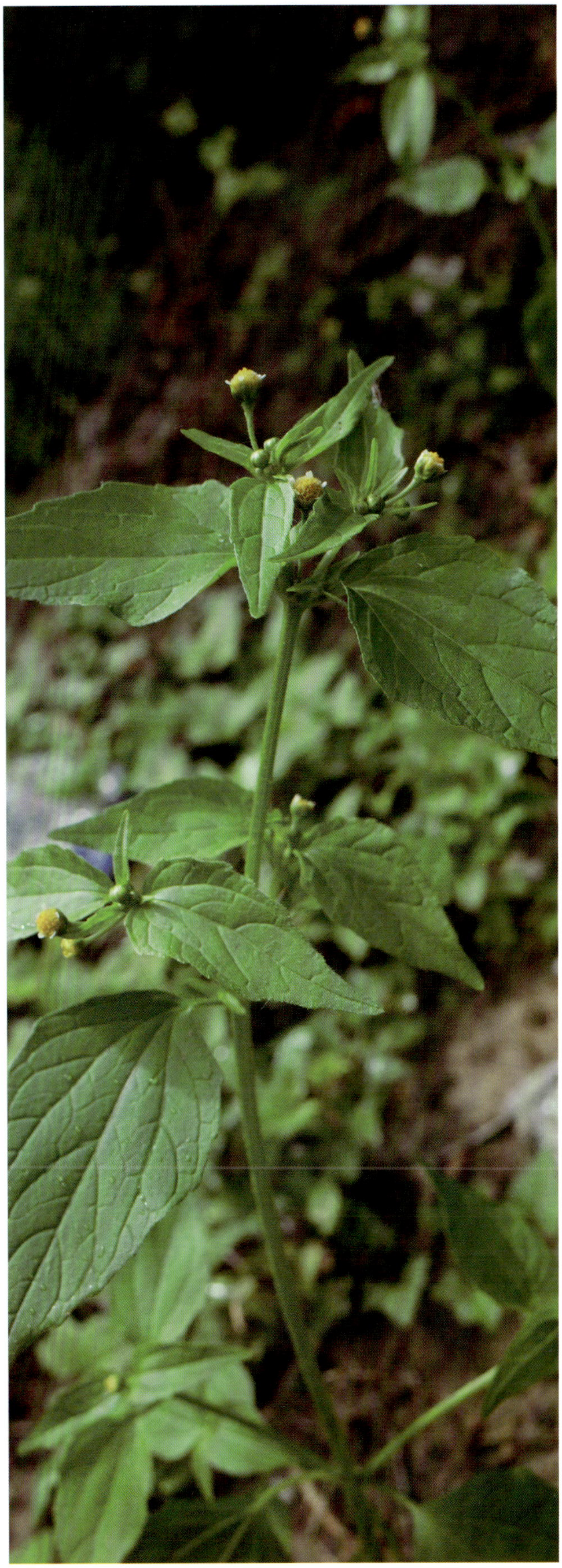

菊科 Compositae

向日葵属 *Helianthus*

菊芋

拉丁名

Helianthus tuberosus L.

别　名

五星草，洋羌，番羌，洋姜。

基本形态特征

多年生草本。有块状的地下茎及纤维状根。茎直立，有分枝，被白色短糙毛或刚毛。叶通常对生，有叶柄，但上部叶互生；下部叶卵圆形或卵状椭圆形。头状花序较大，少数或多数，单生于枝端；总苞片多层，披针形；托片长圆形。舌状花通常12—20个，舌片黄色，开展，长椭圆形。花期8—9月。

拍摄地点

大庆市肇州县托古乡苇场。

应用价值

块茎含有丰富的淀粉，是优良的多汁饲料，新鲜的茎、叶做青贮饲料；可制菊糖及酒精，菊糖在医药上是治疗糖尿病的良药。

菊科 Compositae

苍耳属 *Xanthium*

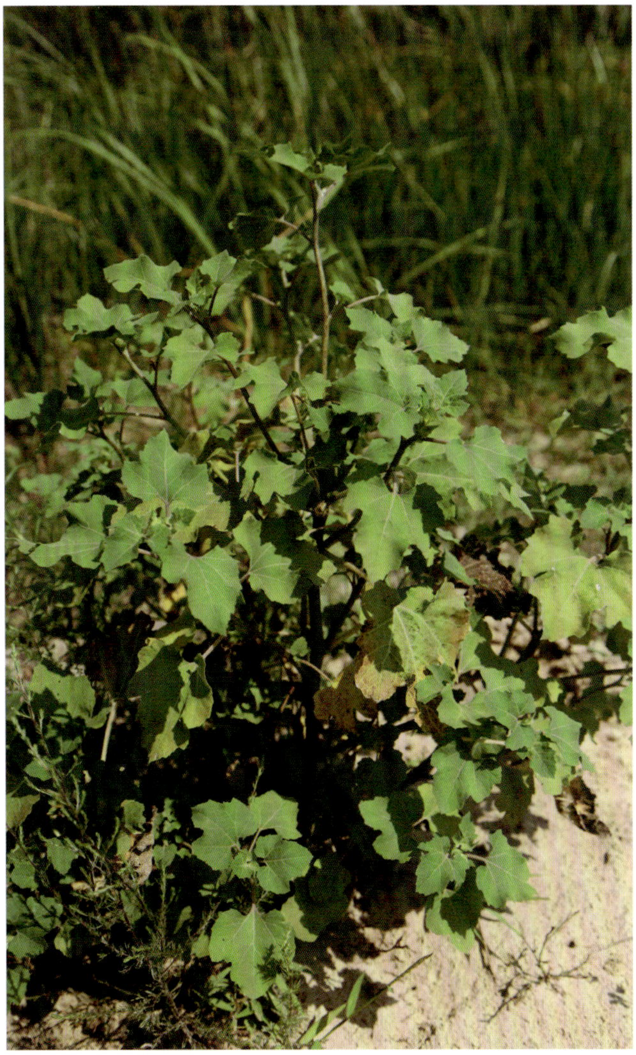

苍耳

拉丁名

Xanthium sibiricum Willd.

别　名

粘头婆，虱马头，苍耳子，老苍子，野茄子，敝子，道人头，刺八裸，苍浪子，绵苍浪子，羌子裸子，青棘子，抢子，痴头婆，胡苍子，野茄，猪耳，菜耳。

基本形态特征

一年生草本。茎直立不分枝或少有分枝，下部圆柱形，上部有纵沟，被灰白色糙伏毛。叶片宽三角形。雄性的头状花序球形；总苞片长圆状披针形，托片倒披针形，有微毛，有多数的雄花；花冠钟形；花药长圆状线形；雌性的头状花序椭圆形，外层总苞片小，披针形，被短柔毛。花期7—8月，果期9—10月。

拍摄地点

大庆市龙凤区沙地。

应用价值

种子可榨油，也可做油墨、肥皂、油毡的原料；又可制硬化油及润滑油；果实供药用。

菊科 Compositae

蒿属 *Artemisia*

大籽蒿

拉丁名

Artemisia sieversiana Willd.

别　名

山艾，白蒿，大白蒿，臭蒿子，大头蒿，苦蒿。

基本形态特征

一年生或二年生草本。主根单一，垂直，狭纺锤形。茎单生，直立，纵棱明显，分枝多；茎、枝被灰白色微柔毛。下部与中部叶宽卵形或宽卵圆形，两面被微柔毛。头状花序大，半球形或近球形，具短梗，稀近无梗，基部常有线形的小苞叶；花序托凸起，半球形，有白色托毛；两性花多层，花冠管状，花药披针形或线状披针形。瘦果长圆形。花果期6—10月。

拍摄地点

大庆市杜尔伯特蒙古族自治县草原。

应用价值

民间入药，有消炎、清热、止血之效；高原地区用其治疗太阳紫外线辐射引起的灼伤；牧区将其当作牲畜饲料。

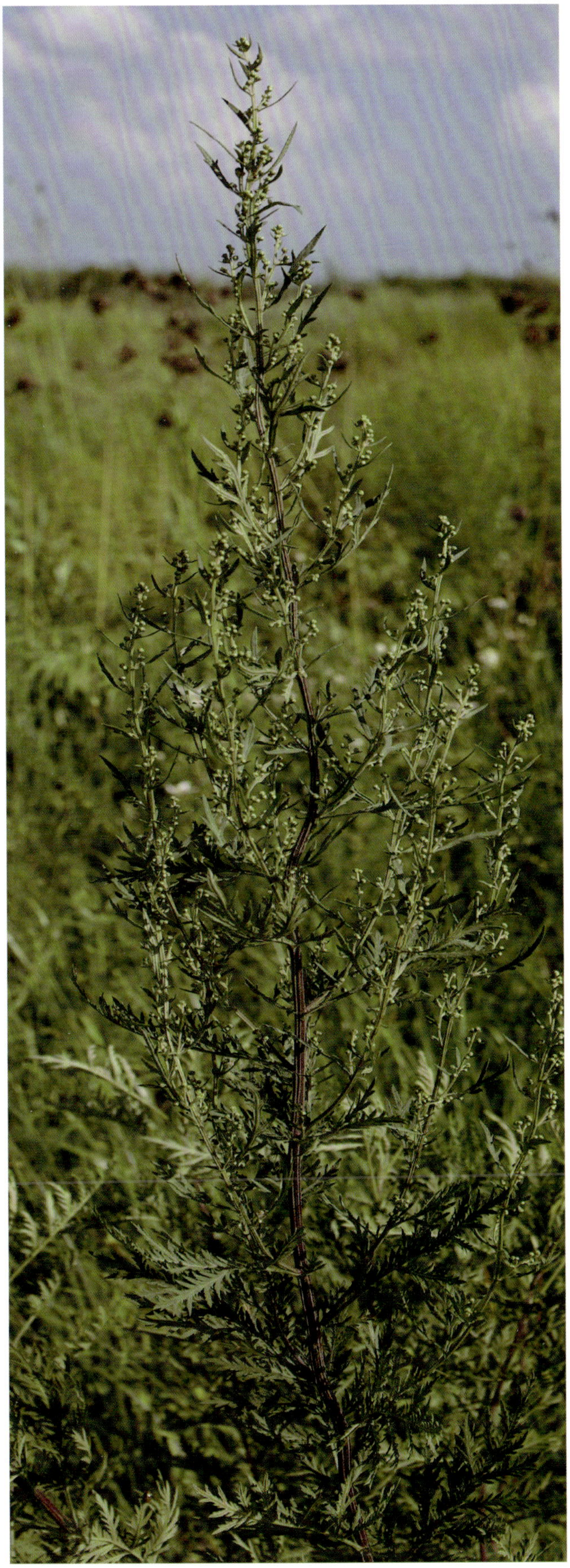

菊科 Compositae

蒿属 *Artemisia*

万年蒿

拉丁名

Artemisia sacrorum Ledeb.

别　名

香蒿，蚊艾。

基本形态特征

半灌木草本。茎多数，常组成小丛，褐色或灰褐色，具纵棱；苞片叶为线形或线状披针形。头状花序近球形，下垂，具短梗或近无梗，在分枝上排成穗状花序式的总状花序，并在茎上组成密集或略开展的圆锥花序；花柱线形；花冠管状，外面有微小腺点；花药椭圆状披针形。瘦果狭椭圆状卵形或狭圆锥形。花果期8—10月。

拍摄地点

大庆市龙凤区林下。

应用价值

民间入药，有清热、解毒、祛风、利湿之效，可做“茵陈”代用品，又可做止血药。牧区将其作为牲畜的饲料。

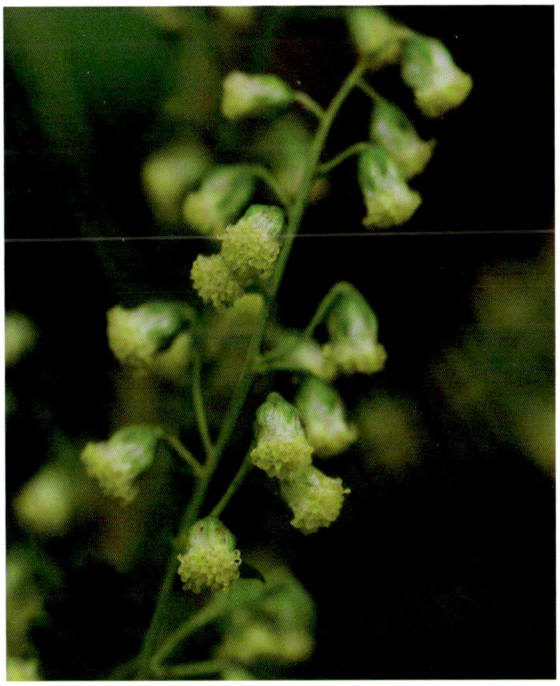

菊科 Compositae

蒿属 *Artemisia*

宽叶蒿

拉丁名

Artemisia latifolia Ledeb.

基本形态特征

多年生草本。茎通常单生，稀少数，草质，有纵棱。叶两面具密小凹点，上面无毛，背面淡绿色；基生叶长圆形或长卵形；苞片叶线形，全缘，通常比花序枝短。头状花序近球形或半球形，有短梗，下垂，在分枝上排成短、穗状花序式的总状花序，而在茎上再组成狭窄的圆锥花序；花序托凸起；花冠狭管状。瘦果倒卵形或稍呈棱形，纵纹稍明显。花果期7—10月。

拍摄地点

大庆市大同区草原。

菊科 Compositae

蒿属 *Artemisia*

蒙古蒿

拉丁名

Artemisia mongolica Bess.

别　名

蒙蒿，狭叶蒿，狼尾蒿，水红蒿。

基本形态特征

多年生草本。茎少数或单生，具明显纵棱。头状花序多数，椭圆形，有线形小苞叶；总苞片3—4层，覆瓦状排列，外层总苞片较小，卵形或狭卵形，背面密被灰白色蛛丝状毛，内层总苞片椭圆形，半膜质，背面近无毛；雌花花冠狭管状，紫色，花柱伸出花冠外；两性花花冠管状，背面具黄色小腺点，檐部紫红色。瘦果小。花果期8—10月。

拍摄地点

大庆市红岗区草原。

应用价值

全草入药，有温经、止血、散寒、祛湿等作用。另可提取芳香油，供化工工业用；全株做牲畜饲料，又可做纤维与造纸的原料。

菊科 Compositae

蒿属 *Artemisia*

艾蒿

拉丁名

Artemisia argyi Levl. et Van.

别　名

艾，医草，甜艾，灸草，海艾，白艾，蕲艾，阿及艾，家艾，艾叶，陈艾，大叶艾，祁艾，大艾，艾绒，艾蓬，五月艾，黄草，野艾，白陈艾，家陈艾，红艾，火艾。

基本形态特征

多年生草本。植株有浓烈香气。茎单生或少数，有明显纵棱，褐色或灰黄褐色；茎、枝均被灰色蛛丝状柔毛；茎下部叶近圆形或宽卵形，羽状分裂；中部叶卵形、三角状卵形或近菱形。头状花序椭圆形；总苞片覆瓦状排列，外层总苞片小，草质，中层总苞片较外层长，长卵形，背面被蛛丝状绵毛，内层总苞片质薄。瘦果长卵形或长圆形。花果期7—10月。

拍摄地点

大庆市杜尔伯特蒙古族自治县草原。

应用价值

全草入药，有温经、祛湿、散寒、止血、消炎、平喘、止咳、安胎、抗过敏等作用。

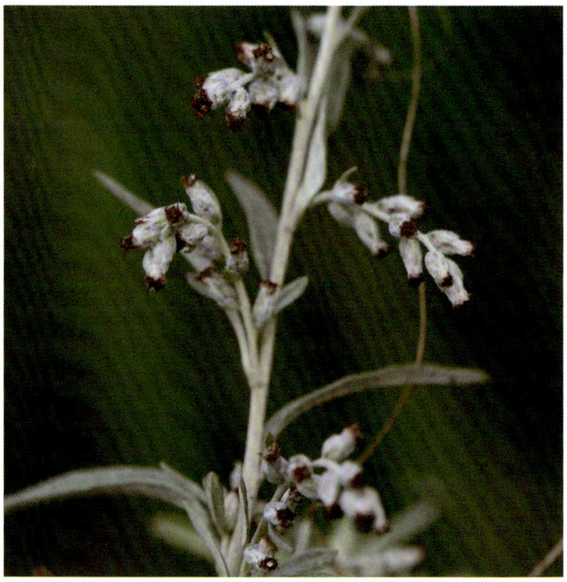

菊科 Compositae

蒿属 *Artemisia*

牡蒿

拉丁名

Artemisia japonica Thunb.

别　名

齐头蒿。

基本形态特征

多年生草本。植株有香气。茎单生或少数，有纵棱，紫褐色或褐色。叶纸质，两面无毛或微有短柔毛，后无毛；基下部叶楔形；苞片叶长椭圆形、椭圆形、披针形或线状披针形。头状花序多数，卵球形或近球形；总苞片外层略小，外、中层总苞片卵形或长卵形，背面无毛，内层总苞片长卵形或宽卵形。瘦果小，倒卵形。花果期7—10月。

拍摄地点

大庆市杜尔伯特蒙古族自治县草原。

应用价值

全草入药，有清热、解毒、消暑、祛湿、止血、消炎、散瘀之效；嫩叶做菜蔬，又做家畜饲料。

菊科 Compositae

线叶菊属 Filifolium

线叶菊

拉丁名

Filifolium sibiricum (L.) Kitam.

别　名

兔毛蒿。

基本形态特征

多年生草本。茎丛生，不分枝或上部稍分枝，分枝，无毛，有条纹。基生叶有长柄，倒卵形或矩圆形，茎生叶较小，互生。头状花序在茎枝顶端排成伞房花序；总苞球形或半球形，无毛；总苞片3层，卵形至宽卵形，边缘膜质，顶端圆形，背部厚硬，黄褐色；边花花冠筒状，压扁；盘花花冠管状，黄色。瘦果倒卵形或椭圆形稍压扁。花果期6—9月。

拍摄地点

大庆市大同区草原。

应用价值

药用，主治传染性高热、疔疮痈肿、臁疮、中耳炎、血瘀刺痛、心悸失眠、月经不调。

菊科 Compositae

三肋果属 *Tripleurospermum*

三肋果

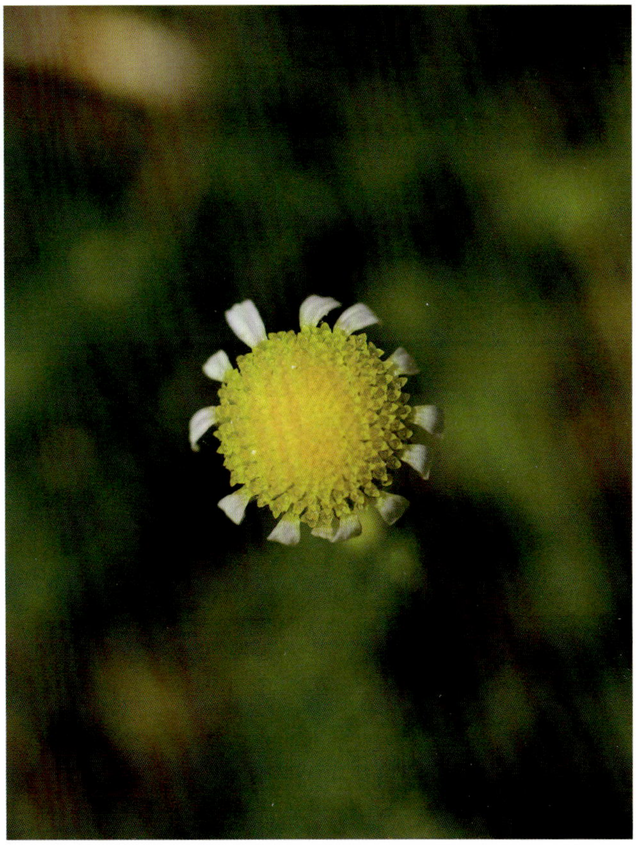

拉丁名

Tripleurospermum limosum (Maxim.) Pobed.

基本形态特征

一年生或二年生草本。茎直立，不分枝或自基部分枝，有条纹，无毛。基部叶花期枯萎；茎下部和中部叶倒披针状矩圆形或矩圆形，三回羽状全裂，基部抱茎，裂片狭条形。头状花序，少数或多数单生于茎枝顶端，花序梗顶端膨大且常疏生柔毛；总苞半球形；花托卵状圆锥形。舌状花舌片白色，短而宽。瘦果褐色。花果期6—7月。

拍摄地点

大庆市让胡路区星火牧场。

应用价值

观赏花卉，可用于园林布景。

菊科 Compositae

橐吾属 *Ligularia*

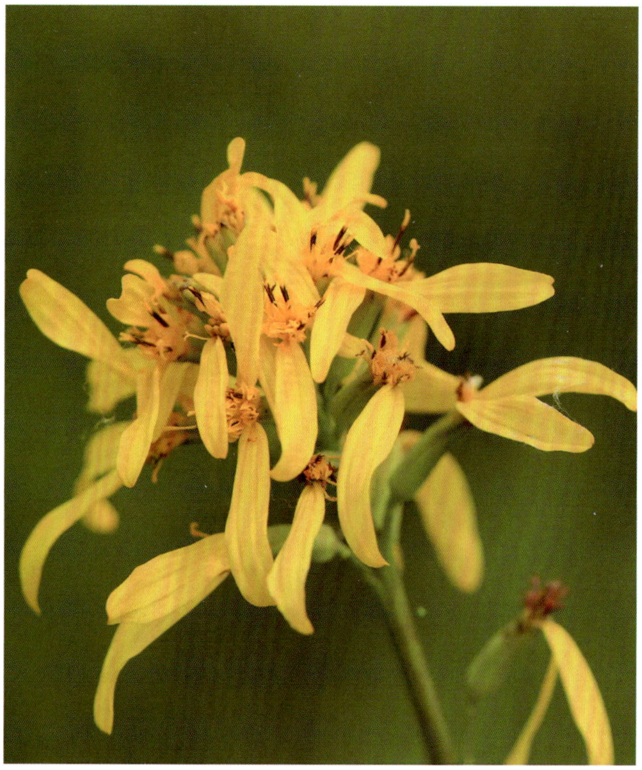

全缘橐吾

拉丁名

Ligularia mongolica (Turcz.) DC.

别　名

大舌花。

基本形态特征

多年生灰绿色或蓝绿色草本。全株光滑。丛生叶与茎下部叶具柄，叶片卵形、长圆形或椭圆形，先端钝，全缘，基部楔形，下延，叶脉羽状。总状花序密集，近头状；苞片和小苞片线状钻形；花序梗细；头状花序多数，辐射状；总苞狭钟形或筒形。舌状花黄色，舌片长圆形。瘦果圆柱形，褐色，光滑。花果期5—9月。

拍摄地点

大庆市大同区草原。

应用价值

观赏花卉，可用于园林布景。

菊科 Compositae

千里光属 *Senecio*

欧洲千里光

拉丁名

Senecio vulgaris L.

基本形态特征

一年生草本。茎单生，直立，自基部或中部分枝；分枝斜升或略弯曲，被疏蛛丝状毛至无毛。叶无柄。头状花序无舌状花，少数至多数，排列成顶生密集伞房花序。总苞钟状；苞片线状钻形，通常具黑色长尖头；总苞片草质，边缘狭膜质，背面无毛。管状花多数；花冠黄色。瘦果圆柱形，冠毛白色。花期4—10月。

拍摄地点

大庆市林甸县草原。

应用价值

全草入药，可清热解毒、散瘀消肿，用于口腔破溃、湿疹、小儿顿咳、无名毒疮、肿瘤。

菊科 Compositae

千里光属 *Senecio*

琥珀千里光

拉丁名

Senecio ambraceus DC.

别　名

千里光。

基本形态特征

多年生草本。茎纤细，直立或基部稍弯，不分枝，被白色蛛丝状毛或有时变无毛。叶片纸质，卵形或倒卵形；叶柄稍扩大，不抱茎；中部茎叶长圆形或长圆状匙形。头状花序在茎端单生，直立或下弯，近无梗或具短花序梗。总苞钟状。或钟状半圆形；小苞片紫色，背面被疏蛛丝状毛或变无毛；总苞片线状披针形，草质；管状花黄色。瘦果圆柱形。

拍摄地点

大庆市红岗区草原。

应用价值

中等饲用植物。在生长早期，牛、马、羊及其他家畜都比较喜食其叶及嫩枝。花后，茎体木质纤维化，大牲畜啃食其枝叶及花果。它是一种很好的牧草。

菊科 Compositae

兔儿伞属 *Syneilesis*

兔儿伞

拉丁名

Syneilesis aconitifolia (Bunge) Maxim.

基本形态特征

多年生草本。茎直立，紫褐色，无毛，具纵肋，不分枝。叶疏生；下部叶具长柄；叶片盾状圆形。头状花序多数，在茎端密集成复伞房状，具数枚线形小苞片；总苞筒状；花冠淡粉白色；花药变紫色，基部短箭形；花柱分枝伸长，被笔状微毛。瘦果圆柱形，无毛，具肋；冠毛污白色或变红色，糙毛状。花期6—7月，果期8—10月。

拍摄地点

大庆市大同区草原。

应用价值

全草入药，具祛风湿、舒筋活血、止痛之功效，可治腰腿疼痛、跌打损伤等症。

菊科 Compositae

狗舌草属 *Tephroseris*

狗舌草

拉丁名

Tephroseris campestris (Rutz.) Rchb.

别　名

唐本草。

基本形态特征

多年生草本。茎单生，近葶状，直立，不分枝，密被白色蛛丝状毛。基生叶数个，莲座状，具短柄，在花期生存，长圆形或卵状长圆形。头状花序，被密蛛丝状绒毛，基部具苞片。总苞近圆柱状钟形；总苞片披针形或线状披针形，绿色或紫色，草质；舌片黄色，长圆形，花冠黄色；裂片卵状披针形。瘦果圆柱形。花期2—8月份。

拍摄地点

大庆市红岗区草原。

应用价值

全草入药，可清热解毒、利尿。用于肺脓疡，尿路感染，小便不利，白血病，口腔炎，疖肿。

菊科 Compositae

牛蒡属 *Arctium*

牛蒡

拉丁名

Arctium lappa L.

别　名

牛蒡，恶实，大力子。

基本形态特征

二年生草本。茎直立，通常带紫色，分枝斜升，多数，全部茎枝被稀疏的乳突状短毛及长蛛丝毛并混杂以棕黄色的小腺点。基生叶广卵形，边缘稀疏的浅波状凹齿或齿尖，基部心形。头状花序多数或少数在茎枝顶端排成疏松的伞房状，花序梗粗壮。总苞卵形或卵球形。小花紫红色。瘦果倒长卵形或偏斜倒长卵形。花果期6—9月。

拍摄地点

大庆市杜尔伯特蒙古族自治县草原。

应用价值

果实入药，可疏散风热、散结解毒；根入药，有清热解毒、疏风利咽之效。

菊科 Compositae

蓟属 *Cirsium*

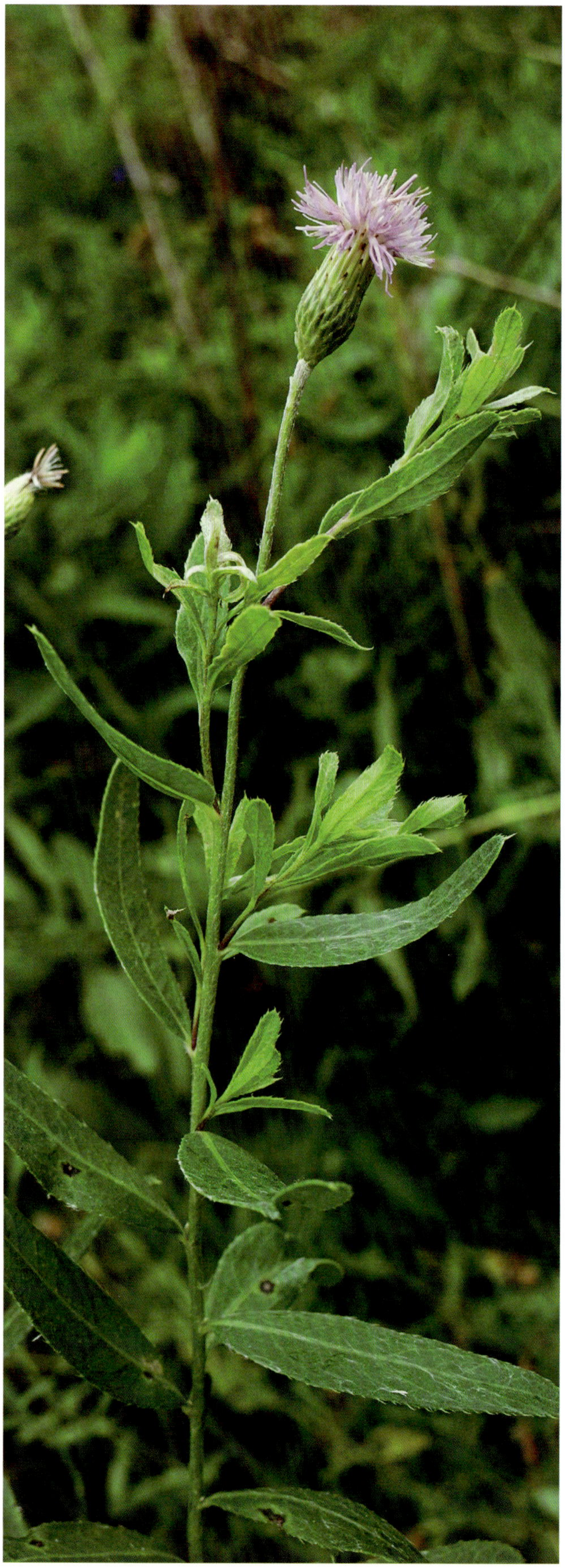

刺儿菜

拉丁名

Cirsium segetum Bunge

别　名

小蓟，野红花。

基本形态特征

多年生草本。茎直立，上部有分枝，花序分枝无毛或有薄绒毛。基生叶和中部茎叶椭圆形、长椭圆形或椭圆状倒披针形。头状花序单生茎端，或植株含少数或多数头状花序在茎枝顶端排成伞房花序。总苞卵形、长卵形或卵圆形。总苞片覆瓦状排列；内层及最内层长椭圆形至线形。小花紫红色或白色。瘦果淡黄色。花果期5—9月。

拍摄地点

大庆市萨尔图区草原。

应用价值

全草入药，可止血、散瘀消肿。用于衄血，尿血，传染性肝炎，崩漏，外伤出血，痈疖疮疡。

菊科 Compositae

蓟属 *Cirsium*

大刺儿菜

拉丁名

Cirsium setosum (Willd.) Bieb.

别　名

山萝卜，大蓟，地萝卜。

基本形态特征

多年生草本。茎直立，被稠密或稀疏的多细胞长节毛，接头状花序下部灰白色，被稠密绒毛及多细胞节毛。基生叶较大，全形卵形、长倒卵形、椭圆形或长椭圆形。头状花序直立，少数生茎端而花序极短，不呈明显的花序式排列，少有头状花序单生茎端的。总苞钟状。总苞片覆瓦状排列。瘦果压扁。小花红色或紫色。花果期5—11月。

拍摄地点

大庆市让胡路区星火牧场。

应用价值

药用有凉血止血，清热解毒的功效，治疗吐血、鼻出血、尿血、子宫出血、黄疸、疮痈等症；嫩茎叶可食用，烹调后食疗效果极佳。

菊科 Compositae

祁州漏芦属 *Rhaponticum*

祁州漏芦

拉丁名

Rhaponticum uniflorum (L.) DC.

别　名

漏芦，大脑袋花，土烟叶，打锣锤，老虎爪，郎头花，狼头花，牛馒土，大口袋花，和尚头。

基本形态特征

多年生草本。茎直立，簇生或单生，灰白色，被绵毛。基生叶及下部茎叶全形椭圆形，有长叶柄。叶柄灰白色，被稠密的蛛丝状绵毛。头状花序单生茎顶，花序梗粗壮，裸露或有少数钻形小叶。总苞半球形。总苞片覆瓦状排列。全部小花两性，管状，花冠紫红色。瘦果楔状。花果期4—9月。

拍摄地点

大庆市让胡路区星火牧场。

应用价值

根及根状茎入药，可清热、解毒、排脓、消肿、通乳。

菊科 Compositae

风毛菊属 *Saussurea*

草地风毛菊

拉丁名

Saussurea amara DC.

别　名

驴耳风毛菊，羊耳朵。

基本形态特征

多年生草本。茎直立，被白色稀疏的短柔毛或通常无毛。基生叶与下部茎叶有长或短的柄，叶片披针状长椭圆形、椭圆形、长圆状椭圆形或者长披针形。头状花序在茎枝顶端排成伞房状或伞房圆锥花序。总苞钟状或圆柱形；总苞片外层披针形或卵状披针形，中层与内层线状长椭圆形或线形。小花淡紫色。瘦果长圆形。花果期7—10月。

拍摄地点

大庆市杜尔伯特蒙古族自治县草原。

应用价值

全草入药，治流感、瘟疫、麻疹、猩红热、结喉、痢疾、心热、血热、阵刺痛等症。

菊科 Compositae

风毛菊属 *Saussurea*

球花风毛菊

拉丁名

Saussurea pulchella DC.

别　名

美花风毛菊。

基本形态特征

多年生草本。茎直立，上部有伞状分枝，有短硬毛和腺点或近无毛。基生叶有叶柄，叶片椭圆形或全形长圆形。头状花序多数，在茎枝顶排成伞房状花序或伞房圆锥花序。总苞钟状或球形；总苞片全部外面被稀疏的长柔毛或几无毛。瘦果长圆形。冠毛淡褐色。花果期8—10月。

拍摄地点

大庆市让胡路区星火牧场。

应用价值

观赏花卉，可用于园林绿化。

菊科 Compositae

麻花头属 *Serratula*

草地麻花头

拉丁名

Serratula yamatsutana Kitag.

基本形态特征

多年生草本。茎直立，上部少分枝或不分枝，中部以下被稀疏的或稠密的节毛，基部被残存的纤维状撕裂的叶柄。基生叶及下部茎叶长椭圆形，羽状深裂。头状花序少数，单生茎枝顶端，但不形成明显的伞房花序式排列。总苞卵形或长卵形。总苞片覆瓦状排列。全部小花红色，红紫色或白色。瘦果楔状长椭圆形，褐色。花果期6—9月。

拍摄地点

大庆市肇州县托古乡苇场。

应用价值

早春返青后的基生叶片，牛、马、羊均喜食，属中等牧草；花大且美丽，可做观赏植物。

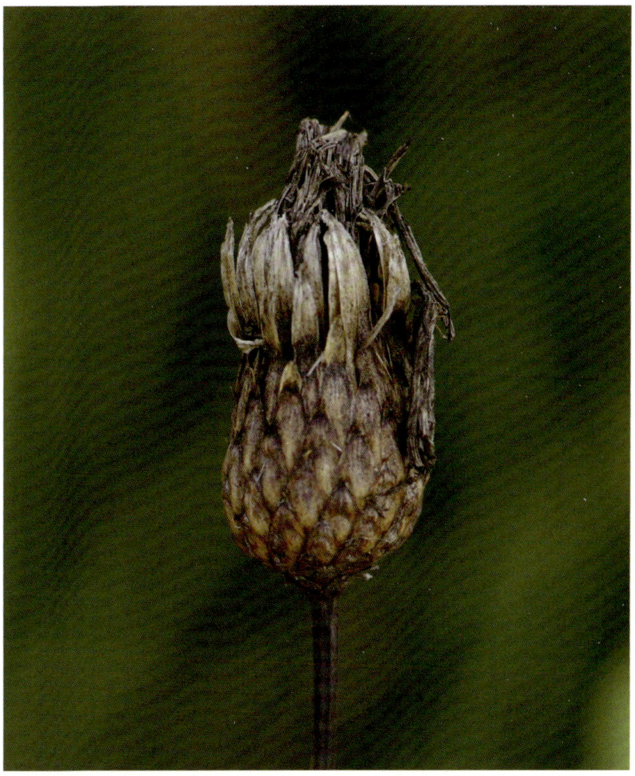

菊科 Compositae

大丁草属 *Leibnitzia*

大丁草

拉丁名

Leibnitzia anandria (L.) Turcz.

基本形态特征

多年生草本。植株具春秋二型之别。春型者根状茎短。叶基生，莲座状，叶片形状多变异，通常为倒披针形或倒卵状长圆形；叶柄被白色绵毛；花葶单生或数个丛生，直立或弯垂，纤细，棒状；苞叶疏生，线形或线状钻形，通常被毛。头状花序单生于花葶之顶，倒锥形；总苞略短于冠毛；花托平，无毛；雌花花冠舌状。瘦果纺锤形。花期春、秋二季。

拍摄地点

大庆市龙凤区草原。

应用价值

药用可清热利湿、解毒消肿，主治肺热咳嗽、湿热泻痢、热淋、风湿关节痛、痈疖肿毒、臁疮、毒蛇咬伤、烫伤、外伤出血。

菊科 Compositae

猫儿菊属 *Achyrophorus*

猫儿菊

拉丁名

Achyrophorus ciliatus (Thunb.) Sch.

基本形态特征

多年生草本。茎直立，有纵沟棱，不分枝，全长或仅下半部被稠密或稀疏的硬刺毛或光滑无毛，基部被黑褐色枯燥叶柄。基生叶椭圆形、长椭圆形或倒披针形。头状花序单生于茎端。总苞宽钟状或半球形。舌状小花多数，金黄色。瘦果圆柱状，浅褐色。花果期6—9月。

拍摄地点

大庆市肇州县托古乡苇场。

应用价值

观赏花卉，可用于园林布景。

菊科 Compositae

苦荬菜属 *Ixeris*

山苦菜

拉丁名

Ixeris chinensisi (Thunb.) Nakai

别　名

中华小苦荬。

基本形态特征

多年生草本。茎直立，常淡红紫色，上部伞房状或伞房圆锥状花序分枝，全部茎枝光滑无毛。中下部茎叶披针形、长披针形。头状花序含舌状小花约20枚，多数在茎枝顶端排成伞房花序或伞房圆锥花序；总苞片不成明显的覆瓦状排列，通常淡紫红色，中外层三角形、三角状卵形。舌状小花蓝色或蓝紫色。瘦果长椭圆形或椭圆形，褐色或橄榄色。花果期7-9月。

拍摄地点

大庆市林甸县草原。

应用价值

根入药，可消肿止血；全草入药，可清热解毒，理气止血。

菊科 Compositae

苦荬菜属 *Ixeris*

抱茎苦荬菜

拉丁名

Ixeris sonchifolia (Bunge) Hance

别　名

抱茎小苦荬，苦碟子，苦荬菜，秋苦荬菜，盘尔草，鸭子食。

基本形态特征

多年生草本。茎单生，直立，上部伞房花序状或伞房圆锥花序状分枝，全部茎枝无毛。基生叶莲座状，匙形、长倒披针形或长椭圆形。头状花序多数或少数，在茎枝顶端排成伞房花序或伞房圆锥花序。总苞圆柱形；总苞片3层，外层及最外层短，卵形或长卵形。舌状小花黄色。瘦果黑色，纺锤形。花果期5—6月。

拍摄地点

大庆市龙凤区草原。

应用价值

全草入药，可清热解毒、凉血、活血。

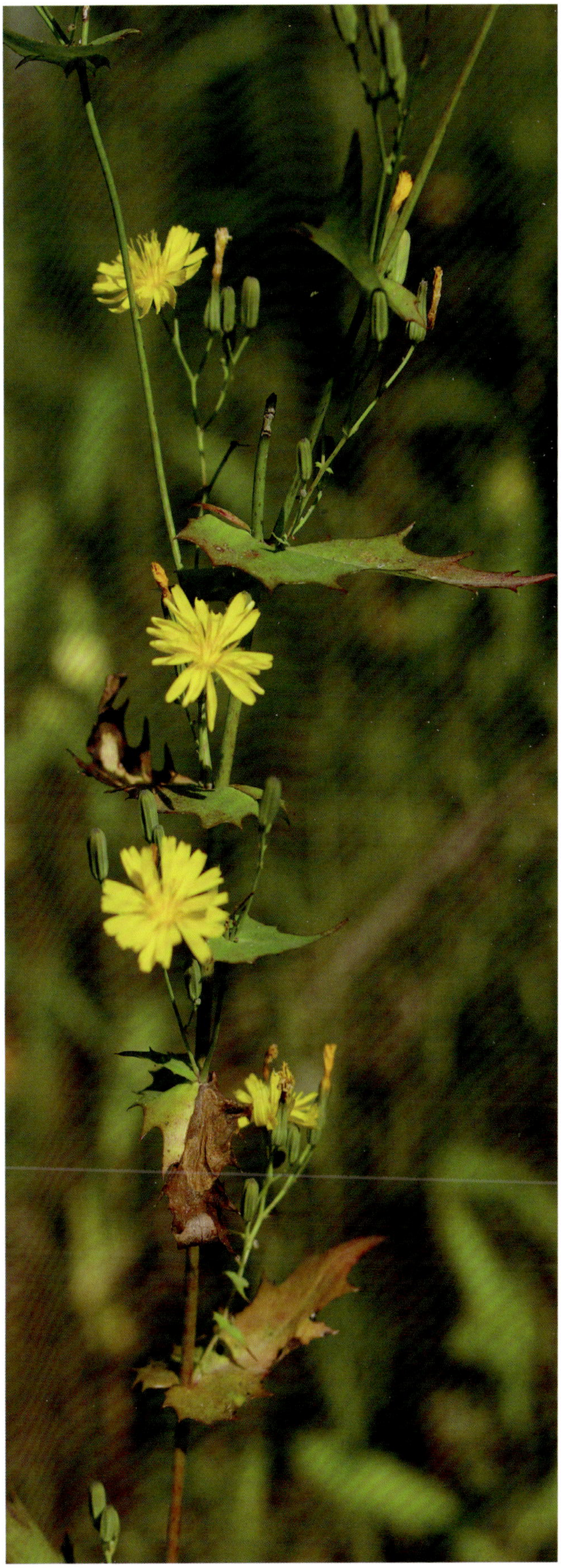

菊科 Compositae

莴苣属 *Lactuca*

北山莴苣

拉丁名

Lactuca sibirica (L.) Maxim.

基本形态特征

多年生草本。茎直立，常淡红紫色，上部伞房状或伞房圆锥状花序分枝，全部茎枝光滑无毛。中下部茎叶披针形、长披针形。头状花序含舌状小花约20枚，多数在茎枝顶端排成伞房花序或伞房圆锥花序；总苞片3—4层，不成明显的覆瓦状排列，通常淡紫红色，中外层三角形、三角状卵形。舌状小花蓝色或蓝紫色。瘦果长椭圆形或椭圆形。花果期7—9月。

拍摄地点

大庆市龙凤区草原。

应用价值

观花植物，可用于园林布景。

菊科 Compositae

莴苣属 *Lactuca*

山莴苣

拉丁名

Lactuca indica L.

别　名

翅果菊。

基本形态特征

一年生或二年生草本。茎直立，单生，上部圆锥状或总状圆锥状分枝，全部苞片边缘染紫红色。舌状小花25枚，黄色。瘦果椭圆形。花果期4—11月。

拍摄地点

大庆市红岗区草原。

应用价值

全草入药，有清热解毒，活血祛瘀，健胃之功效，可治疗阑尾炎、扁桃腺炎、疮疖肿毒、宿食不消、产后瘀血；可作为一种观赏蔬菜在园林绿化中广泛应用；可用作猪、鸡、鱼饲料。

菊科 Compositae

毛连菜属 *Picris*

兴安毛连菜

拉丁名

Picris dahurica Hornem.

基本形态特征

二年生草本。茎生叶互生，无柄，披针形或长圆状披针形，边缘有疏齿，密生长硬毛，两面密被钩状分叉硬毛。头状花序排列成聚伞状；花序梗密被钩状分叉硬毛；苞叶狭披针形，密被硬毛；总苞筒状，密被或疏被长硬毛及白色疏柔毛；舌状花黄色。瘦果稍弯曲，纺锤形，红褐色，具纵沟及横皱纹。花期7—9月，果期8—10月。

拍摄地点

大庆市大同区草原。

应用价值

地上部分入药，治痈疮肿毒、跌打损伤、泄泻、小便不利等症。

菊科 Compositae

鸦葱属 *Scorzonera*

笔管草

拉丁名

Scorzonera albicaulis Bunge

别　名

华北鸦葱。

基本形态特征

多年生草本。茎单生或少数茎成簇生，上部伞房状或聚伞花序状分枝，全部茎枝被白色绒毛。基生叶与茎生叶同形：线形、宽线形或线状长椭圆形。总苞圆柱状；总苞片约5层，外层三角状卵形或卵状披针形，中内层椭圆状披针形、长椭圆形至宽线形。全部总苞片被薄柔毛。舌状小花黄色。瘦果圆柱状。花果期5—9月。

拍摄地点

大庆市萨尔图区草原。

应用价值

药用，可疏风止泪退翳、清热利尿、祛痰止咳。

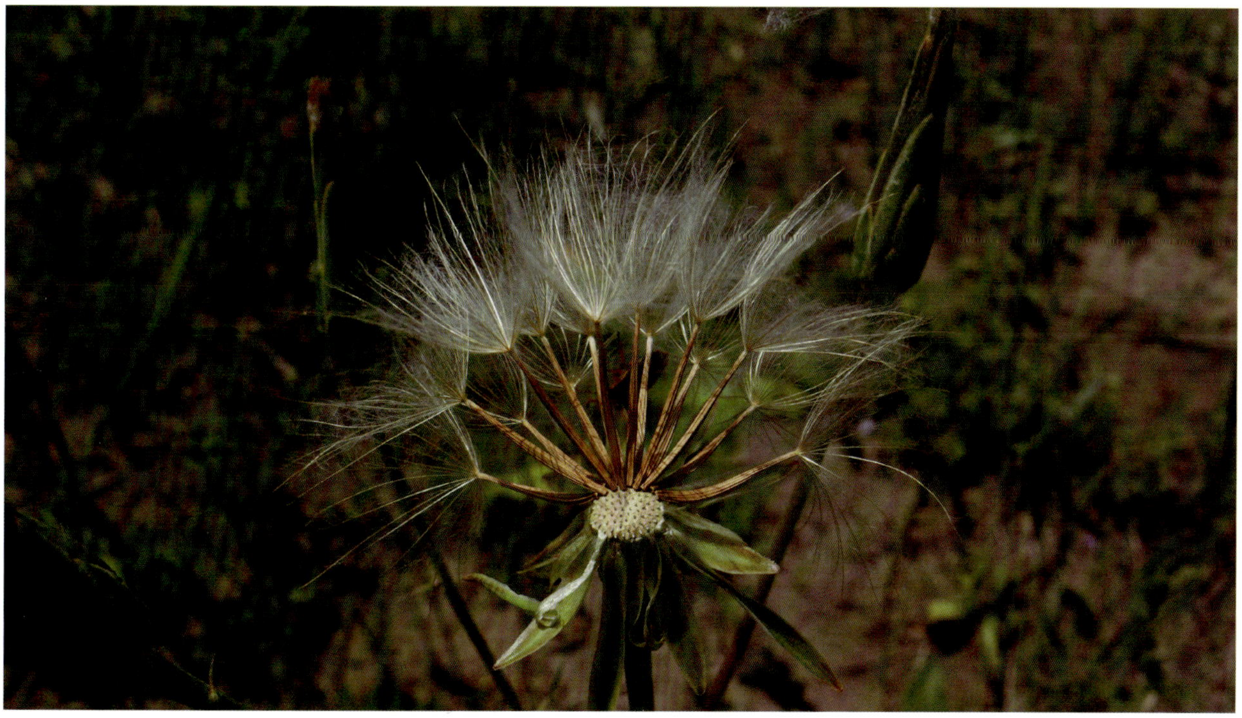

菊科 Compositae

鸦葱属 *Scorzonera*

桃叶鸦葱

拉丁名

Scorzonera sinensis Lipsch.

别　名

老虎嘴。

基本形态特征

多年生草本。茎直立，无毛；基生叶宽卵形、宽披针形、宽椭圆形，边缘皱波状。茎生叶少数，鳞片状；头状花序单生茎顶。总苞片约5层，光滑无毛，顶端钝或急尖。舌状小花黄色。瘦果圆柱状，无毛，无脊瘤。冠毛污黄色，羽毛状，羽枝纤细；冠毛与瘦果连接处有蛛丝状毛环。花果期6—9月。

拍摄地点

大庆龙凤区湿地。

应用价值

根入药，清热解毒，通乳消肿，祛风除湿，理气活血。

菊科 Compositae

苣荬菜属 *Sonchus*

苣荬菜

拉丁名

Sonchus brachyotus DC.

基本形态特征

多年生草本。茎直立，有细条纹，上部或顶部有伞房状花序分枝，花序分枝与花序梗被稠密的头状具柄的腺毛。基生叶多数，与中下部茎叶全形倒披针形或长椭圆形，羽状或倒向羽状深裂、半裂或浅裂。头状花序在茎枝顶端排成伞房状花序。总苞钟状。总苞片3层。舌状小花多数，黄色。瘦果稍压扁，长椭圆形。

拍摄地点

大庆市萨尔图区草原。

应用价值

药用时具有清热解毒、凉血利湿、消肿排脓、散瘀止痛、补虚止咳的功效。

菊科 Compositae

苣荬菜属 *Sonchus*

苦苣菜

拉丁名

Sonchus oleraceus L.

别　名

滇苦菜。

基本形态特征

一年生草本。茎直立，单生，不分枝或上部有短的伞房花序状或总状花序状分枝。头状花序少数在茎枝顶端排紧密的伞房花序或总状花序或单生茎枝顶端。总苞宽钟状；总苞片3—4层，覆瓦状排列；外层长披针形或长三角形，中内层长披针形至线状披针形。舌状小花多数，黄色。瘦果褐色。花果期5—12月。

拍摄地点

大庆市红岗区草原。

应用价值

全草入药，有祛湿、清热解毒功效。

菊科 Compositae

蒲公英属 *Taraxacum*

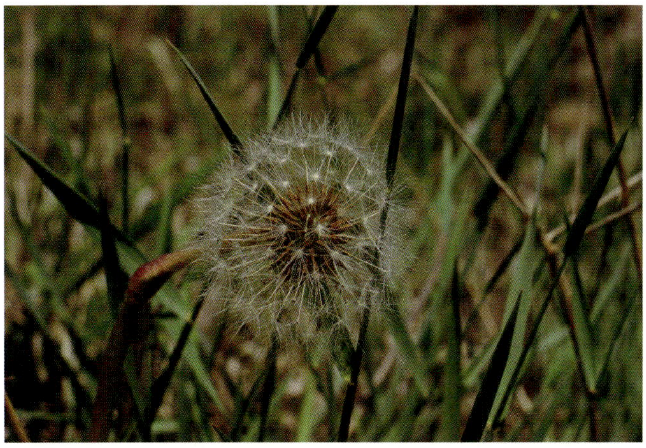

红梗蒲公英

拉丁名

Taraxacum erythropodium Kitag.

别　名

斑叶蒲公英。

基本形态特征

多年生草本。根粗壮，深褐色，圆柱状。叶倒披针形或长圆状披针形，近全缘，不分裂或具倒向羽状深裂。头状花序；总苞钟状；外层总苞片卵形或卵状披针形，内层总苞片线状披针形，先端增厚或具极短的小角，边缘白色膜质；舌状花黄色。瘦果倒披针形或矩圆状披针形，淡褐色；冠毛白色。花果期5—7月。

拍摄地点

大庆市肇州县托古乡林场林下。

应用价值

全草药用，有清热解毒、消肿散结的功效。

泽泻科 Alismataceae

泽泻属 *Alisma*

泽泻

拉丁名

Alisma orientale (Sam.) Juz.

基本形态特征

多年生沼生草本。叶通常多数；沉水叶条形或披针形；挺水叶宽披针形、椭圆形至卵形。花两性；外轮花被片广卵形，内轮花被片花瓣形，小于外轮，边缘具不规则粗齿，白色、粉红色或浅紫色；花柱直立，柱头短；花药椭圆形，黄色或淡绿色；瘦果椭圆形或近矩圆形。种子紫褐色，具凸起。花果期5—10月。

拍摄地点

大庆市龙凤区湿地。

应用价值

药用，主治肾炎水肿、肠炎泄泻、小便不利等症。

泽泻科 Alismataceae

泽泻属 *Alisma*

草泽泻

拉丁名

Alisma gramineum Lej.

基本形态特征

多年生沼生草本。块茎较小或不明显。叶多数，丛生；叶片披针形，基出；叶柄基部膨大呈鞘状。花两性；外轮花被片广卵形，内轮花被片白色；花药椭圆形，黄色；心皮轮生，排列整齐；花托平突。瘦果两侧压扁，倒卵形或近三角形，背部具脊或较平，腹部具窄翅，两侧果皮厚纸质，不透明，有光泽；果喙很短，侧生。种子紫褐色。花果期6—9月。

拍摄地点

大庆市肇源县湿地。

应用价值

药用，具有利水、渗湿、泄热的功效。

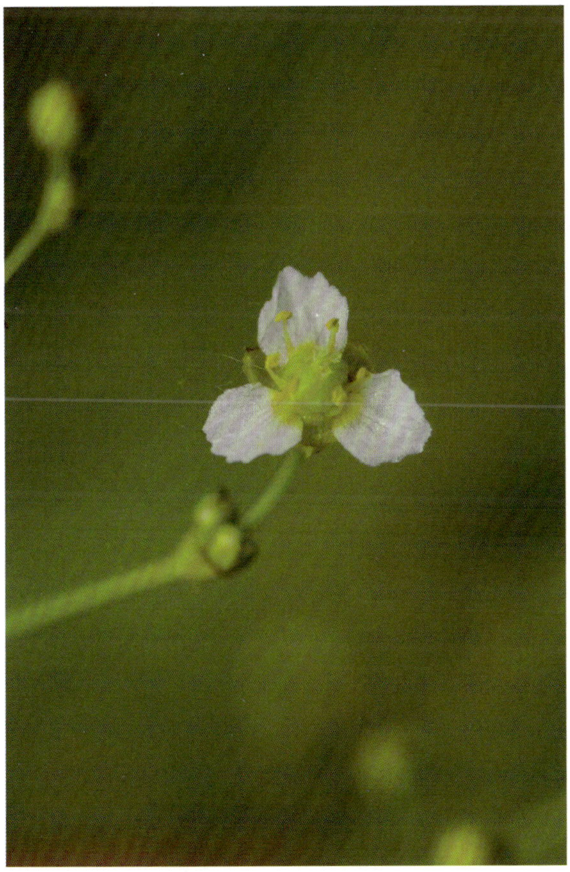

泽泻科 Alismataceae

慈姑属 *Sagittaria*

三裂慈姑

拉丁名

Sagittaria trifolia L.

别　名

野慈姑。

基本形态特征

根状茎横走，较粗壮。挺水叶箭形，通常顶裂片短于侧裂片，叶柄基部渐宽，边缘膜质，具横脉。花葶直立，通常粗壮。花序总状或圆锥状，苞片茎部多少合生，先端尖。花单性；花被片反折，外轮花被片椭圆形或广卵形，内轮花被片白色或淡黄色。瘦果两侧压扁，倒卵形；果喙短。种子褐色。花果期5—10月。

拍摄地点

大庆市杜尔伯特蒙古族自治县水源地。

泽泻科 Alismataceae

慈姑属 *Sagittaria*

狭叶慈姑

拉丁名

Sagittaria trifolia L. var. *angustifolia* (Sieb.) Kitag.

别　名

水慈姑，野慈姑，三脚剪，水芋。

基本形态特征

多年生水生或沼生草本。根状茎横走。植株细弱，匍匐根状茎末端通常不膨大呈球形；叶片明显窄小，呈飞燕状。花葶直立，挺水。花序多总状。花单性；花被片反折，外轮花被片椭圆形或广卵形；内轮花被片白色或淡黄色。瘦果两侧压扁。种子褐色。花果期5-10月。

拍摄地点

大庆市龙凤区湿地。

应用价值

全草入药，可解毒疗疮、清热利胆。治黄疸，瘰疬，蛇咬伤；可做家畜、家禽饲料；亦用于花卉观赏。

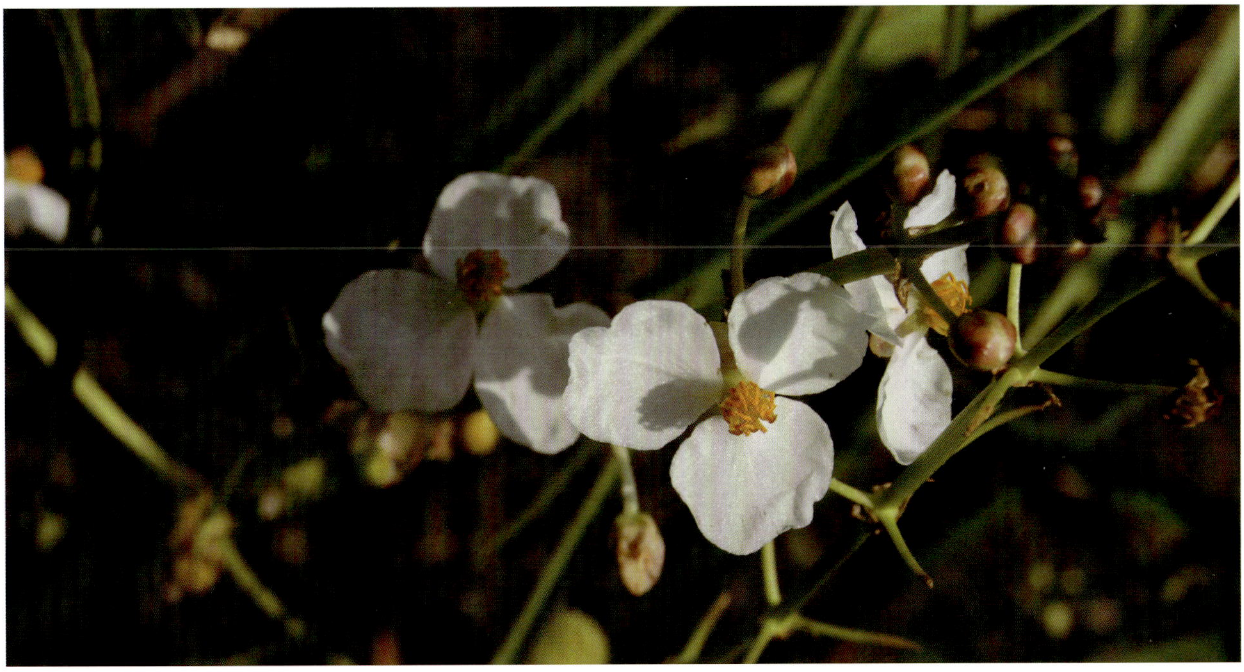

花蔺科 Butomaceae

花蔺属 *Butomus*

花蔺

拉丁名

Butomus umbellatus L.

基本形态特征

多年生水生草本。根状茎横生。叶基生，基部扩大成鞘状。花葶圆柱形；花序基部3枚苞片卵形；花被片外轮较小，绿色而稍带红色，内轮花瓣状，粉红色；蓇葖果成熟时沿腹缝线开裂。种子多数，细小。花果期7—9月。

拍摄地点

大庆市杜尔伯特蒙古族自治县水源地。

应用价值

根可酿酒，也可制淀粉。花叶美观，可供观赏。

水麦冬科 Juncaginaceae

水麦冬属 *Triglochin*

海韭菜

拉丁名

Triglochin maritimum L.

基本形态特征

多年生草本。植株稍粗壮。根茎短，着生多数须根，常有棕色叶鞘残留物。叶全部基生，线形，基部具鞘，鞘缘膜质，顶端与叶舌相连。花葶直立，较粗壮，圆柱形，光滑，中上部着生多数排列较紧密的花，呈顶生总状花序，无苞片。花两性；花被片绿色；雌蕊淡绿色，柱头毛笔状。蒴果6棱状椭圆形或卵形。花果期6—10月。

拍摄地点

大庆市龙凤区草原。

应用价值

全草入药，具清热养阴、生津止渴的功效。用于胃热烦渴、口干舌燥。

眼子菜科 Potamogetonaceae

眼子菜属 *Potamogeton*

浮叶眼子菜

拉丁名

Potamogeton natans L.

基本形态特征

多年生水生草本。根茎发达，白色，常具红色斑点，多分枝，节处生有须根。茎圆柱形，通常不分枝，或极少分枝。浮水叶革质，卵形至矩圆状卵形，有时为卵状椭圆形；沉水叶质厚，叶柄状，呈半圆柱状的线形；托叶近无色。穗状花序顶生，具花多轮，开花时伸出水面；花序梗稍有膨大。花小，绿色，肾形至近圆形。果实倒卵形，外果皮常为灰黄色。花果期约7—10月。

拍摄地点

大庆市杜尔伯特蒙古族自治县连环湖。

应用价值

全草入药，可解热、利水、止血、补虚、健脾。用于目赤红肿、牙痛、水肿、痔疮、蛔虫病、干血痨、小儿疳积。

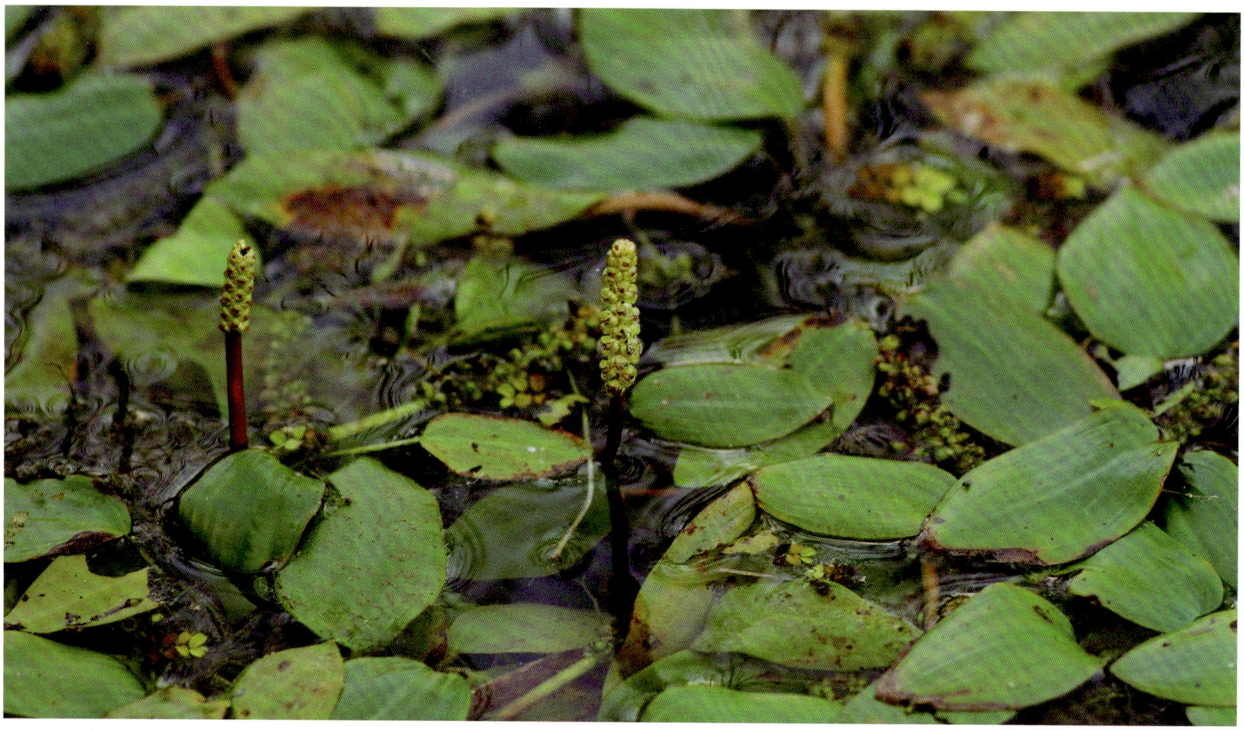

眼子菜科 Potamogetonaceae

眼子菜属 *Potamogeton*

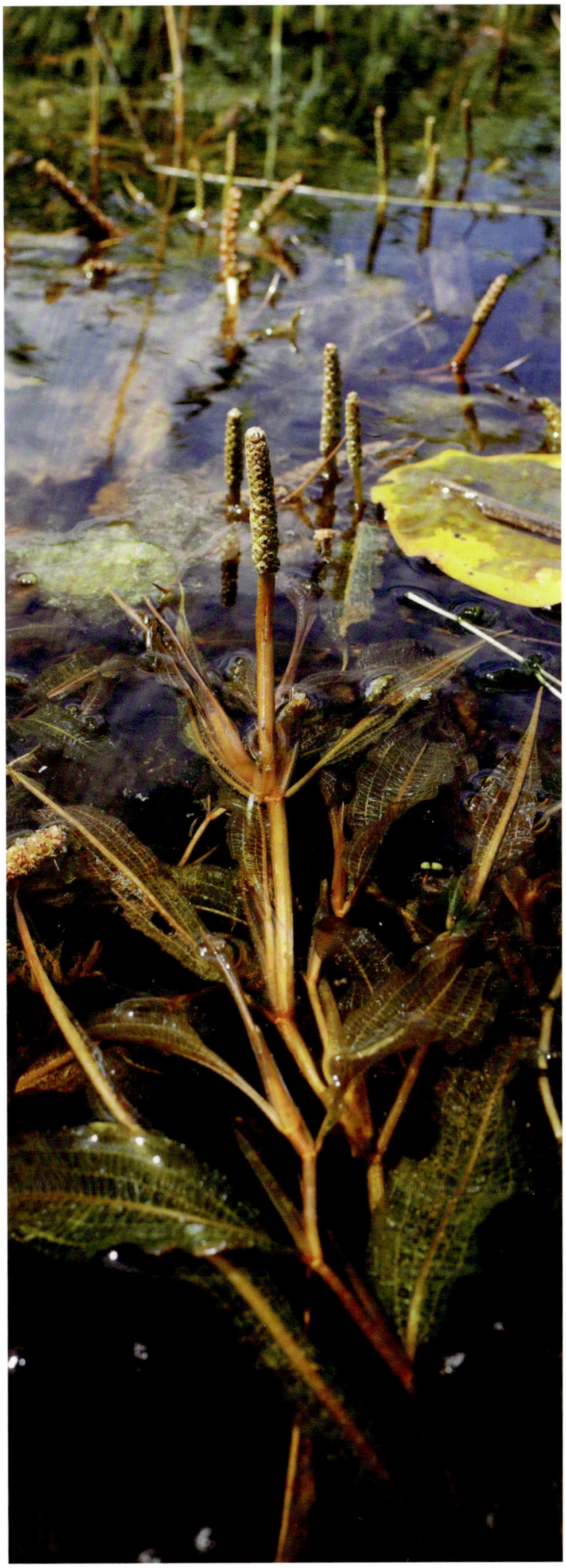

光叶眼子菜

拉丁名

Potamogeton lucens L.

基本形态特征

多年生沉水草本。具根茎。茎圆柱形，节间较短，下部节间伸长。叶长椭圆形、卵状椭圆形至披针状椭圆形；托叶大而显著，绿色，通常不为膜质，与叶片离生，常宿存。穗状花序顶生，具花多轮，密集；花序梗明显膨大呈棒状；花小，被片4，绿色；雌蕊离生。果实卵形，中脊稍锐，侧脊不明显。花果期6—10月。

拍摄地点

大庆市杜尔伯特蒙古族自治县连环湖。

百合科 Liliaceae

葱属 *Allium*

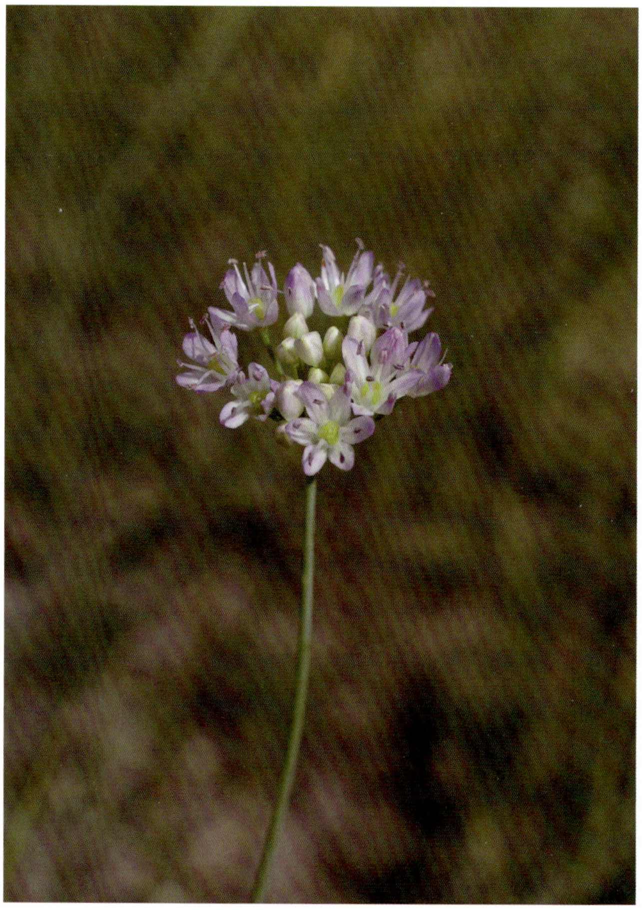

碱韭

拉丁名

Allium polyrhizum Regel

基本形态特征

鳞茎成丛、紧密簇生，圆柱状；鳞茎外皮黄褐色，破裂成纤维状，呈近网状。叶半圆柱状，边缘具细糙齿，稀光滑，比花葶短。花葶圆柱状，下部被叶鞘；伞形花序半球状，具多而密集的花；小花梗近等长；花紫红色或淡紫红色，稀白色；花被片外轮的狭卵形至卵形，内轮的矩圆形至矩圆状狭卵形。花果期6—8月。

拍摄地点

大庆市林甸县草原。

应用价值

种子入药，用于积食腹胀、消化不良、风寒湿痹、痈疮疔毒、皮肤炭疽；花序采摘阴干备用，可做天然调味品。

百合科 Liliaceae

葱属 *Allium*

球序韭

拉丁名

Allium thunbergii G. Don

基本形态特征

鳞茎常单生；鳞茎外皮污黑色或黑褐色；叶三棱状条形，中空或基部中空，背面具一纵棱；伞形花序球状；花红色至紫色；花被片椭圆形至卵状椭圆形，先端钝圆。花果期8月底至10月。

拍摄地点

大庆市大同区草原。

应用价值

观花植物，可用于花坛的绿化。鳞茎可制调味品；全草入药，主治脾胃气虚、食欲不振等。

百合科 Liliaceae

葱属 *Allium*

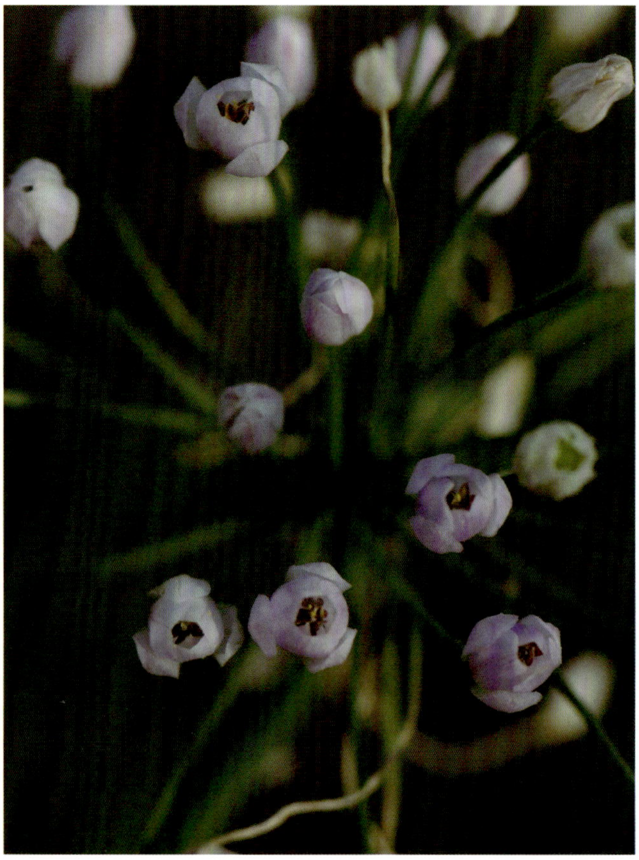

细叶韭

拉丁名

Allium tenuissimum L.

别　名

细丝韭，丝葱。

基本形态特征

鳞茎数枚聚生，近圆柱状；鳞茎外皮紫褐色、黑褐色至灰黑色，膜质，常顶端不规则地破裂，内皮带紫红色，膜质。叶半圆柱状至近圆柱状，与花葶近等长。花葶圆柱状，具细纵棱，光滑；总苞单侧开裂，宿存；伞形花序半球状或近扫帚状，松散；花白色或淡红色，稀为紫红色；子房卵球状；花柱不伸出花被外。花果期7—9月。

拍摄地点

大庆市红岗区草原。

百合科 Liliaceae

葱属 *Allium*

长梗韭

拉丁名

Allium neriniflorum Baker

基本形态特征

植株无葱蒜气味。鳞茎单生，卵球状至近球状；鳞茎外皮灰黑色，膜质，不破裂，内皮白色，膜质。叶圆柱状或近半圆柱状，中空，具纵棱，沿纵棱具细糙齿，等长于或长于花葶。花葶圆柱状，下部被叶鞘；总苞单侧开裂，宿存；伞形花序疏散；小花梗不等长；花红色至紫红色；子房圆锥状球形。花果期7—9月。

拍摄地点

大庆市萨尔图区草原。

应用价值

鳞茎主治胸胁刺痛，心绞痛，咳喘痰多，痢疾，食河豚鱼中毒。

百合科 Liliaceae

知母属 *Anemarrhena*

知母

拉丁名

Anemarrhena asphodeloides Bunge

别　名

兔子油草，穿地龙。

基本形态特征

根状茎为残存的叶鞘所覆盖。叶先端渐尖而成近丝状，基部渐宽而成鞘状，具多条平行脉，没有明显的中脉。花葶比叶长得多；总状花序通常较长；苞片小，卵形或卵圆形，先端长渐尖；花粉红色、淡紫色至白色；花被片条形。蒴果狭椭圆形，顶端有短喙。花果期6—9月。

拍摄地点

大庆市大同区草原。

应用价值

根状茎入药，有滋阴降火、润燥滑肠、利大小便之功效。

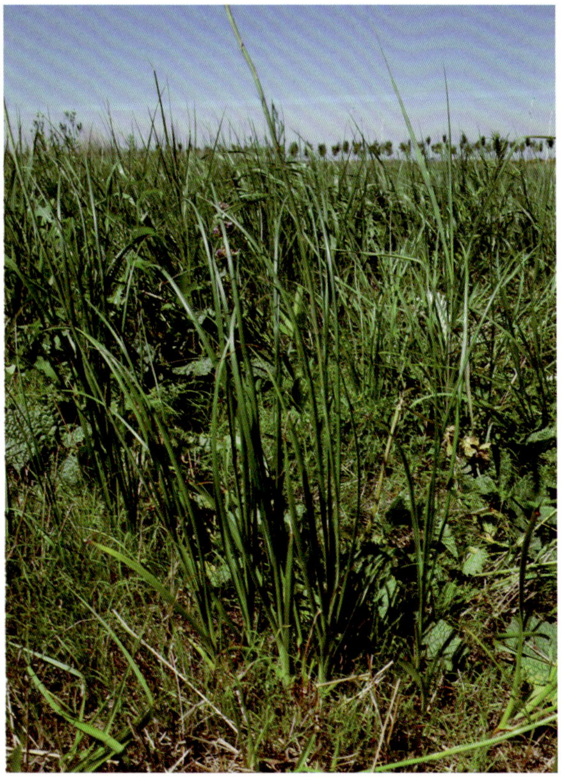

百合科 Liliaceae

天门冬属 *Asparagus*

兴安天门冬

拉丁名

Asparagus dauricus Link

基本形态特征

直立草本。根细长。茎和分枝有条纹，有时幼枝具软骨质齿。叶状枝每1—6枚成簇，通常全部斜立，和分枝交成锐角；鳞片状叶基部无刺。花每2朵腋生，黄绿色；雄花花梗和花被近等长，关节位于近中部；花丝大部分贴生于花被片上，离生部分很短，只有花药一半长；雌花极小，短于花梗。浆果直径6—7毫米。花期5—6月，果期7—9月。

拍摄地点

大庆市林甸县草原。

百合科 Liliaceae

天门冬属 *Asparagus*

南玉带

拉丁名

Asparagus oligoclonos Maxim.

基本形态特征

直立草本。茎平滑或稍具条纹，坚挺，上部不俯垂；分枝具条纹，稍坚挺，有时嫩枝疏生软骨质齿。叶状枝成簇，近扁的圆柱形，略有钝棱，伸直或稍弧曲；鳞片状叶基部通常距不明显或有短距离，极少具短刺。花每1—2朵腋生，黄绿色。浆果直径8—10毫米，花期5月，果期6—7月。

拍摄地点

大庆市萨尔图区草原。

应用价值

根入药，可清热解毒、止咳平喘、利尿。

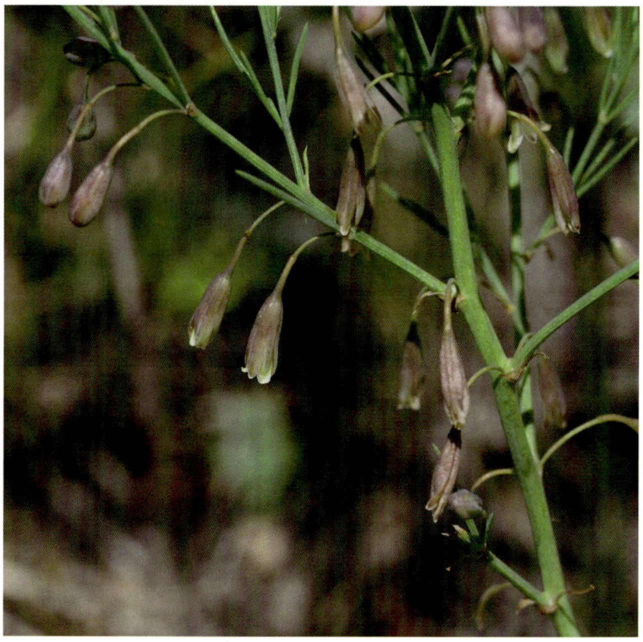

百合科 Liliaceae

萱草属 *Hemerocallis*

小黄花菜

拉丁名

Hemerocallis minor Mill.

别　名

黄花菜，金针菜。

基本形态特征

根一般较细，绳索状，不膨大。花葶稍短于叶或近等长，顶端具1—2花，少有具3花；花梗很短，苞片近披针形；花被淡黄色。蒴果椭圆形或矩圆形。花果期5—9月。

拍摄地点

大庆市林甸县草原。

应用价值

根可入药，通结气、利肠胃、清热利尿、凉血止血；花蕾可供食用，也可用作放牧饲草及观赏植物。

百合科 Liliaceae

百合属 *Lilium*

山丹

拉丁名

Lilium pumilum DC.

别　名

细叶百合。

基本形态特征

多年生草本。鳞茎卵形或圆锥形。叶互生于茎中部，条形。花单生或数朵排成总状花序，鲜红色，通常无斑点，下垂。蒴果矩圆形。花期7—8月，果期9—10月。

拍摄地点

大庆市杜尔伯特蒙古族自治县草原。

应用价值

观赏植物。鳞茎可食用和入药，养阴润肺、清心安神。花可入药，可活血。

百合科 Liliaceae

黄精属 *Polygonatum*

玉竹

拉丁名

Polygonatum odoratum (Mill.) Druce.

别　名

地管子，尾参，铃铛菜。

基本形态特征

根状茎圆柱形。叶互生，椭圆形至卵状矩圆形，先端尖，下面带灰白色。花序具1—4花；无苞片或有条状披针形苞片；花被黄绿色至白色，全长13—20毫米，花被筒较直；花丝丝状，近平滑至具乳头状突起；花药长约4毫米。浆果蓝黑色。花期5—6月，果期7—9月。

拍摄地点

大庆市林甸县草原。

应用价值

根状茎药用具有养阴润燥，生津止渴之功效。常用于肺胃阴伤，燥热咳嗽，咽干口渴，内热消渴。

百合科 Liliaceae

绵枣儿属 *Scilla*

绵枣儿

拉丁名

Scilla sinensis (Lour.) Merr.

基本形态特征

鳞茎球形，鳞茎皮黑褐色。基生叶狭线形，柔软。花葶通常比叶长；总状花序，具多数花；花淡紫红色；花梗基部有狭披针形苞片；花被片近椭圆形、倒卵形或狭椭圆形。蒴果球形。种子黑色，矩圆状狭倒卵形。花果期7—10月。

拍摄地点

大庆市大同区草原。

应用价值

全草入药，可活血解毒、消肿止痛。治乳痈，肠痈，跌打损伤，腰腿痛。

鸢尾科 Iridaceae

鸢尾属 *Iris*

野鸢尾

拉丁名

Iris dichotoma Pall.

别　名

白射干，二歧鸢尾，扇子草，羊角草，老鹳扇，扁蒲扇。

基本形态特征

多年生草本。须根发达，粗而长，黄白色，分枝少。叶基生或在花茎基部互生，两面灰绿色，剑形。花茎实心，上部二歧状分枝，分枝处生有披针形的茎生叶；苞片膜质，绿色，边缘白色，披针形；花蓝紫色或浅蓝色，有棕褐色的斑纹。蒴果圆柱形或略弯曲；种子椭圆形，有小翅。花期7—8月，果期8—9月。

拍摄地点

大庆市杜尔伯特蒙古族自治县草原。

应用价值

根状茎入药，可清热解毒、活血消肿。用于咽喉肿痛、乳蛾、肝炎、肝肿大、胃痛、乳痈、牙龈肿痛；具有良好的景观性价值。

鸢尾科 Iridaceae

鸢尾属 *Iris*

白花马蔺

拉丁名

Iris lacteal Pall.

基本形态特征

多年生密丛草本。根状茎粗壮，外包有大量致密的红紫色折断的老叶残留叶鞘及毛发状的纤维；须根粗而长，黄白色，少分枝。叶基生，坚韧，灰绿色，条形或狭剑形。花茎光滑，草质，绿色，边缘白色，披针形；花乳白色；花被管甚短，外花被裂片倒披针形。蒴果长椭圆状柱形；种子为不规则的多面体。花期5-6月，果期6-9月。

拍摄地点

大庆市大同区草原。

应用价值

种子和根入药，可除湿热、止血、解毒。根系发达，具有较强的贮水保土、调节空气湿度、净化环境作用，是优良的观赏地被植物。

鸢尾科 Iridaceae

鸢尾属 *Iris*

马蔺

拉丁名

Iris lactea Pall. var. *chinensis* (Fisch.) Koidz.

别　名

马莲。

基本形态特征

本变种花为蓝色；花被上有较深色的条纹。多年生密丛草本。根状茎粗壮，木质，斜伸，外包有大量致密的红紫色折断的老叶残留叶鞘及毛发状的纤维；须根粗而长，黄白色，少分枝。叶基生，坚韧，灰绿色，线形，带红紫色，无明显的中脉。花茎光滑。蒴果长椭圆形。花期5—6月，果期6—9月。

拍摄地点

大庆市龙凤区草原。

应用价值

花和种子入药，马蔺种子中含有马蔺子甲素，可做口服避孕药。

鸢尾科 Iridaceae

鸢尾属 *Iris*

囊花鸢尾

拉丁名

Iris ventricosa Pall.

别　名

巨苞鸢尾。

基本形态特征

多年生密丛草本。植株基部宿存有橙黄色或棕褐色折断的老叶叶鞘。地下生有不明显的木质块状根、状茎；须根灰黄色，坚韧，上下近等粗。叶条形，灰绿色。花茎圆柱形；苞片草质，边缘膜质，卵圆形或宽披针形；花蓝紫色；花药黄紫色。蒴果三棱状卵圆形。

拍摄地点

大庆市杜尔伯特蒙古族自治县草原。

应用价值

花色鲜艳，栽培容易，具有很高的观赏价值，园林中多丛植或于花境径、路旁。

鸢尾科 Iridaceae

鸢尾属 *Iris*

溪荪

拉丁名

Iris sanguinea Horn.

基本形态特征

多年生草本。根状茎粗壮，斜伸，外包有棕褐色老叶残留的纤维；须根绳索状，灰白色，有皱缩的横纹。叶条形。花茎光滑，实心；苞片膜质，绿色，披针形；花天蓝色；花被管短而粗；花药黄色；花丝白色，丝状；花柱分枝扁平，顶端裂片钝三角形，有细齿；子房三棱状圆柱形。果实长卵状圆柱形。花期5—6月，果期7—9月。

拍摄地点

大庆市杜尔伯特蒙古族自治县草原。

应用价值

花色艳丽、株形俊美、抗寒能力强、观赏价值高，可做为园林绿化植物和插花花卉。根及根状茎入药，主治胃脘痛、食积腹痛、大便不通、疔疮肿毒。

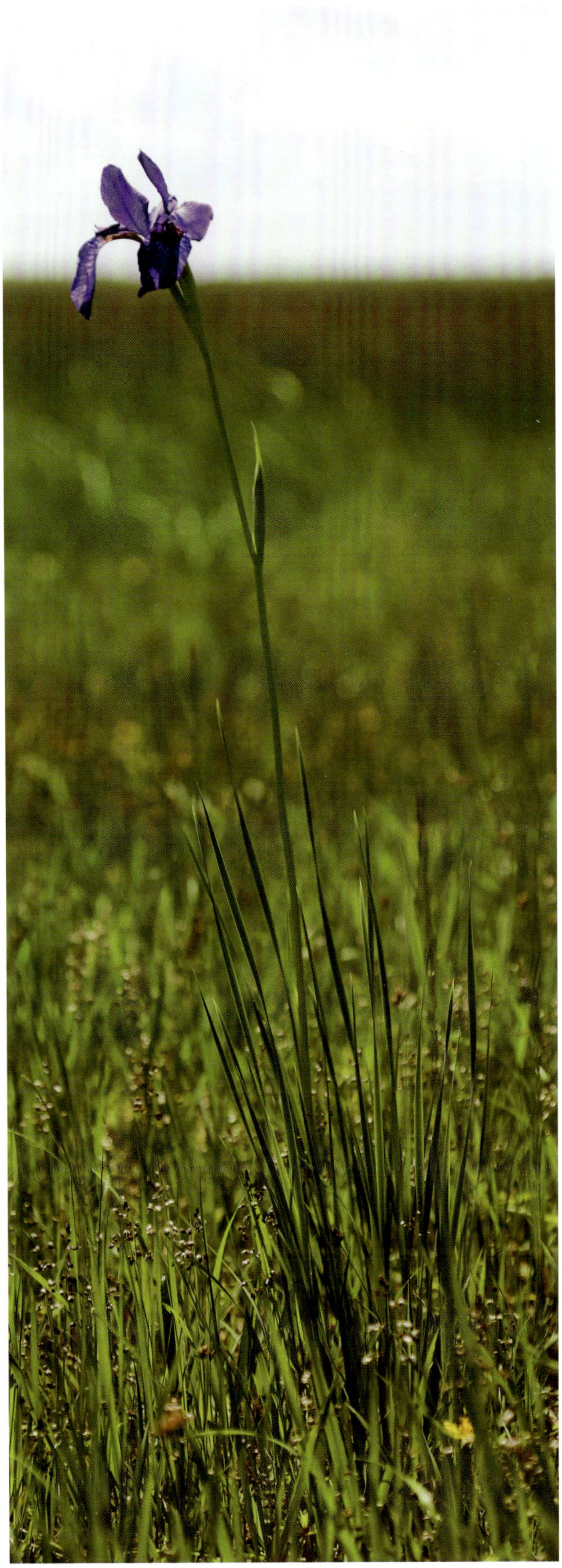

灯心草科 Juncaceae

灯心草属 *Juncus*

小灯心草

拉丁名

Juncus bufonius L.

基本形态特征

一年生草本。茎丛生，细弱，直立或斜升，有时稍下弯，基部常红褐色。叶基生和茎生；茎生叶线形，扁平；叶鞘具膜质边缘，无叶耳。花序呈二歧聚伞状，或排列成圆锥状，生于茎顶；叶状总苞片常短于花序；花排列疏松，很少密集，具花梗和小苞片；花被片披针形；花药长圆形，淡黄色。蒴果三棱状椭圆形，黄褐色。种子椭圆形。花期5—7月，果期6—9月。

拍摄地点

大庆市龙凤区草原。

应用价值

全草入药，可清热、通淋、利尿、止血。

灯心草科 Juncaceae

灯心草属 *Juncus*

细灯心草

拉丁名

Juncus gracillimus V. Krecz. et Gontsch.

基本形态特征

多年生常绿草本。根状茎短。茎丛生，直立，有基生叶和茎生叶；叶线状披针形，扁平，长5—30厘米，宽1.5—4毫米；基叶鞘边缘膜质，有叶耳。聚伞花序顶生。蒴果不明显三棱状卵形，淡黄色，稍有光泽。种子长卵形，棕褐色。花果期6—9月。

拍摄地点

大庆市龙凤区草原。

天南星科 Araceae

菖蒲属 *Acorus*

菖蒲

拉丁名

Acorus calamus L.

别　名

臭蒲，泥菖蒲，香蒲，野菖蒲，溪菖蒲，野枇杷，石菖蒲，山菖蒲，水剑草，凌水挡，十香和，白菖蒲，水菖蒲，剑叶菖蒲，大叶菖蒲，土菖蒲，家菖蒲，剑菖蒲，大菖蒲。

基本形态特征

多年生草本。根茎横走，稍扁，分枝，外皮黄褐色，芳香，肉质根多数，具毛发状须根。叶片剑状线形，基部宽、对褶，中部以上渐狭，草质，绿色，光亮；中肋在两面均明显隆起。花序柄三棱形；肉穗花序斜向上或近直立，圆柱形。浆果长圆形，红色。花期6—9月。

拍摄地点

大庆市杜尔伯特蒙古族自治县水源地。

应用价值

菖蒲端庄秀丽，园林将其丛植于湖、塘岸边，或点缀于庭园水景和临水假山一隅，有良好的观赏价值。还可有效防治稻飞虱、稻叶蝉、稻螟蛉、蚜虫、红蜘蛛等虫害。菖蒲花、茎香味浓郁，具有开窍、祛痰、散风的功效，可祛疫益智、强身健体。

黑三棱科 Sparganiaceae

黑三棱属 *Sparganium*

黑三棱

拉丁名

Sparganium coreanum Levl.

基本形态特征

多年生水生或沼生草本。块茎膨大。茎直立，粗壮，挺水。单性头状花序；雄花花被片匙形，膜质，先端浅裂，早落；花丝长约3毫米，丝状，弯曲，褐色；花药近倒圆锥形；雌花花被着生于子房基部，宿存，子房无柄。果实倒圆锥形，上部通常膨大呈冠状，具棱，褐色。花果期5—10月。

拍摄地点

大庆市杜尔伯特蒙古族自治县连环湖。

应用价值

块茎入药，具破瘀、行气、消积、止痛、通经、下乳等功效。

香蒲科 Typhaceae

香蒲属 *Typha*

狭叶香蒲

拉丁名

Typha angustifolia L.

别　名

水烛，蒲草，水蜡烛。

基本形态特征

多年生水生或沼生草本。根状茎乳黄色、灰黄色，先端白色。地上茎直立。叶片上部扁平，中部以下腹面微凹，背面向下逐渐隆起呈凸形；叶鞘抱茎。雌雄花序相距2.5—6.9厘米；雄花序轴具褐色扁柔毛，单出或分叉；叶状苞片1—3枚，花后脱落；雌花序长15—30厘米，基部具1枚叶状苞片，通常比叶片宽，花后脱落。小坚果长椭圆形。花果期6—9月。

拍摄地点

大庆市杜尔伯特蒙古族自治县瑺奈湿地。

应用价值

常用于点缀园林水池、湖畔，构筑水景；全株是造纸的好原料。

香蒲科 Typhaceae

香蒲属 *Typha*

短穗香蒲

拉丁名

Typha laxmannii Lepech

别　名

无苞香蒲。

基本形态特征

多年生沼生或水生草本。根状茎乳黄色，或浅褐色，先端白色。地上茎直立，较细弱。叶片窄条形，光滑无毛；雌雄花序远离；雄性穗状花序长约6—14厘米，明显长于雌性花序；花序轴具白色、灰白色、黄褐色柔毛，基部和中部具1—2枚纸质叶状苞片，花后脱落；果实长椭圆形。种子褐色，长约1毫米，具小凸起。花果期6—9月。

拍摄地点

大庆市杜尔伯特蒙古族自治县水源地。

应用价值

花粉，即蒲黄入药；叶片用于编织、造纸等；幼叶基部和根状茎先端可做蔬食；雌花序可做枕芯和坐垫的填充物。另外，本种叶片挺拔，花序粗壮，常用于花卉观赏。

香蒲科 Typhaceae

香蒲属 *Typha*

小香蒲

拉丁名

Typha minima Funk

基本形态特征

多年生沼生或水生草本。根状茎姜黄色或黄褐色，先端乳白色。地上茎直立，细弱，矮小。叶通常基生，鞘状，无叶片，如叶片存在，则短于花葶；叶鞘边缘膜质，叶耳向上伸展。雌雄花序远离，雄花序长3—8厘米，花序轴无毛；雌花序长1.6—4.5厘米；叶状苞片明显宽于叶片。小坚果椭圆形，纵裂，果皮膜质。种子黄褐色，椭圆形。花果期5—8月。

拍摄地点

大庆市肇源县湿地。

应用价值

香蒲常用于点缀园林水池、湖畔，构筑水景，也可盆栽布置庭院；小香蒲是一种纤维植物，富含较多的粗纤维，可用于造纸，蒲草叶可用于编织。

莎草科 Cyperaceae

荸荠属 *Eleocharis*

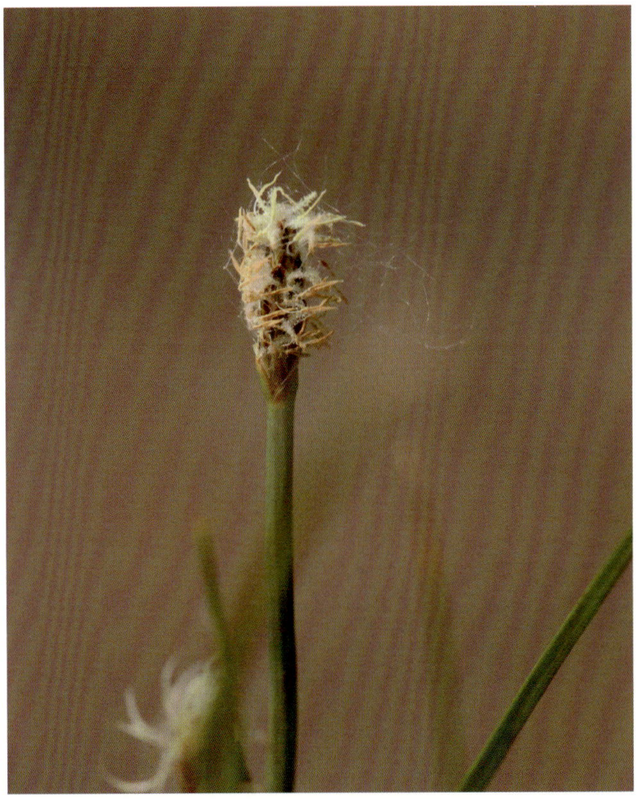

中间型荸荠

拉丁名

Eleocharis intersita Zinserl.

基本形态特征

匍匐根状茎。秆少数或稍多数，丛生，圆柱状，干后略扁，一般细弱，有钝肋条和纵槽。小穗卵形，通常为长圆状卵形，有多数密生的两性花；小穗基部的一片鳞片中空无花，其余鳞片全有花，稍松散排列，长圆状卵形或卵形，黑褐色，背部有一条脉，脉白色，干膜质。小坚果倒卵形或宽倒卵形。

拍摄地点

大庆市大同区草原。

莎草科 Cyperaceae

藨草属 *Scirpus*

扁秆藨草

拉丁名

Scirpus planiculmis Fr. Schmidt

基本形态特征

具匍匐根状茎和块茎。秆三棱形，平滑，靠近花序部分粗糙，基部膨大，具秆生叶。叶扁平，具长叶鞘。叶状苞片1—3枚，常长于花序，边缘粗糙；长侧枝聚伞花序短缩成头状，或有时具少数辐射枝；小穗卵形或长圆状卵形，锈褐色，具多数花；鳞片膜质，长圆形或椭圆形，褐色或深褐色，外面被稀少的柔毛。小坚果宽倒卵形。花期5—6月，果期7—9月。

拍摄地点

大庆市龙凤区草原。

应用价值

药用，可散瘀通经、行气消积。主治经闭、痛经、产后瘀阻腹痛、癥瘕积聚、胸腹胁痛、消化不良等症；茎叶可做造纸及编织的原料；根茎和块茎富含淀粉，可供造酒。

莎草科 Cyperaceae

藨草属 *Scirpus*

水葱

拉丁名

Scirpus tabernaemontani Gmel.

基本形态特征

匍匐根状茎粗壮。秆高大，圆柱状，平滑，基部具3—4个叶鞘，叶鞘管状，膜质，最上面一个叶鞘顶端具叶片。叶片条形。苞片1枚，枝聚伞花序简单或复出；小穗单生或2—3个簇生于辐射枝顶端，卵形或长圆形；鳞片椭圆形或宽卵形，膜质。小坚果倒卵形或椭圆形，双凸状，少有棱。花果期6—9月。

拍摄地点

大庆市红岗区草原。

应用价值

全草治水肿胀满，小便不利。

莎草科 Cyperaceae

藨草属 *Scripus*

水毛花

拉丁名

Scirpus triangulatus Roxb.

基本形态特征

根状茎粗短，无匍匐根状茎，具细长须根。秆丛生，稍粗壮，三棱形。苞片1枚，直立或稍展开；小穗聚集成头状，多数侧生于近茎端，卵形，具多数花；鳞片卵形或长圆状卵形，近于革质，淡棕色，具红棕色短条纹。小坚果倒卵形，有三棱。花果期5—8月。

拍摄地点

大庆市龙凤区湿地。

应用价值

茎纤维质量很好，可造打字纸、胶板纸和小泥袋纸等；茎叶亦可编草鞋、编席等；幼嫩茎叶可做牲畜饲料。

莎草科 Cyperaceae

苔草属 *Carex*

红穗苔草

拉丁名

Carex gotoi Ohwi

基本形态特征

多年生草本。具匍匐的根状茎，秆疏丛生，三棱形。叶片短于秆。叶状苞片，最下面的苞片近等长于花序，具短鞘。小穗3—5枚，上部1—3枚雄性，披针形或圆柱形；其余小穗雌性，圆柱形；雌花鳞片卵形或狭卵形，具芒尖。果囊卵形，无毛，略肿胀，钝三棱状，革质，暗血红色或褐黄色，有多条突出的脉；小坚果宽倒卵形或倒卵形，也有三棱形。花果期5—6月。

拍摄地点

大庆市红岗区草原。

莎草科 Cyperaceae

苔草属 *Carex*

长秆苔草

拉丁名

Carex kirganica Kom.

基本形态特征

多年生草本。花茎近基部的叶鞘无叶片，营养茎的叶片革质至厚纸质；花茎上部2/3各节具小穗；苞鞘上部稍膨大似佛焰苞状，叶舌不明显。小穗雄雌顺序。雄花鳞片长圆形，淡棕色，具锈点；雌花鳞片卵状椭圆形，淡棕色，具锈点，中脉明显，两侧多条细脉不明显。果囊稍长于鳞片，卵状椭圆形，三棱形。小坚果紧包于果囊中。花果期5-7月。

拍摄地点

大庆市龙凤区草原。

莎草科 Cyperaceae

苔草属 *Carex*

米柱苔草

拉丁名

Carex glaucaeformis Meinsh.

基本形态特征

多年生草本。秆疏丛生，锐三棱形，基部具紫褐色无叶片的鞘。苞片叶状，呈线形，通常稍短于花序，无苞鞘。雄花鳞片长圆状披针形，中间麦秆黄色，两侧红棕色；雌花鳞片卵形或长圆状卵形，有的具短尖，膜质，两侧暗红褐色，中间淡褐色。果囊斜展，等长或稍长于鳞片，近革质。小坚果较松地包于果囊内，宽倒卵形，三棱形。花果期5—6月。

拍摄地点

大庆市萨尔图区草原。

莎草科 Cyperaceae

苔草属 *Carex*

黄囊苔草

拉丁名

Carex korshinskyi Kom.

基本形态特征

多年生草本。秆密丛生，扁三棱形，基部具少数淡黄褐色或红褐色无叶片的鞘和残存的老叶鞘，老叶鞘常细裂成纤维状。叶短于或等长于或稍长于秆，具叶鞘。苞片鳞片状。小穗2—4个，顶生小穗为雄小穗，棒形或披针形；其余小穗为雌小穗，卵形或近球形。雄花鳞片披针形，淡黄褐色；雌花鳞片卵形，褐色。小坚果紧包于果囊内，椭圆形或三棱形，灰褐色。花果期7—9月。

拍摄地点

大庆市红岗区草原。

莎草科 Cyperaceae

苔草属 *Carex*

灰脉苔草

拉丁名

Carex appendiculata (Trautv.) Kukenth.

基本形态特征

多年生草本。有根状茎。秆锐三棱形。叶多基生，上部叶鞘无叶片。苞片最下部叶状。小穗3—5枚；雌花鳞片狭椭圆形，顶端钝，紫黑色，边缘为狭的白色膜质，中部淡绿色。小坚果紧包于果囊内，宽倒卵形或倒卵形。花果期6—7月。

拍摄地点

大庆市红岗区草原。

应用价值

各种家畜喜食，属中等饲用植物。

莎草科 Cyperaceae

苔草属 *Carex*

翼果苔草

拉丁名

Carex neurocarpa Maxim.

基本形态特征

多年生草本。秆丛生，全株密生锈色点线，扁钝三棱形，平滑，基部叶鞘无叶片，淡黄锈色。叶短于或长于秆，边缘粗糙，锈色。苞片下部的叶状，显著长于花序，无鞘，上部的刚毛状。小穗多数，雄雌顺序，卵形；穗状花序紧密，呈尖塔状圆柱形。小坚果疏松地包于果囊中。花果期6—8月。

拍摄地点

大庆市龙凤区草原。

莎草科 Cyperaceae

苔草属 *Carex*

寸草

拉丁名

Carex duriuscula C. A. Mey.

别　名

卵穗薹草。

基本形态特征

多年生草本。根状茎细长、匍匐。秆纤细，平滑，基部叶鞘灰褐色，细裂成纤维状。叶短于秆。苞片鳞片状。穗状花序卵形或球形；小穗3—6枚，卵形，密生，雄雌顺序，具少数花。雌花鳞片宽卵形或椭圆形。果囊稍长于鳞片，宽椭圆形或宽卵形，革质，锈色或黄褐色。小坚果稍疏松地包于果囊中，近圆形或宽椭圆形。花果期4—6月。

拍摄地点

大庆市红岗区草原。

莎草科 Cyperaceae

苔草属 *Carex*

莎苔草

拉丁名

Carex cyperoides Murr.

别　名

莎状苔草。

基本形态特征

多年生草本。根状茎短。秆丛生，扁三棱形，平滑。叶短于秆，平张，柔软，淡绿色。苞片叶状。小穗多数，卵状长圆形，雌雄顺序，聚集成圆形或卵形头状花序。雌花鳞片狭披针形，淡褐色。果囊长圆状披针形，膜质，黄绿色或锈黄色。小坚果紧包于果囊中，长圆形，平凸状；花柱基部稍膨大。花果期7月。

拍摄地点

大庆市龙凤区草原。

莎草科 Cyperaceae

苔草属 *Carex*

狭囊苔草

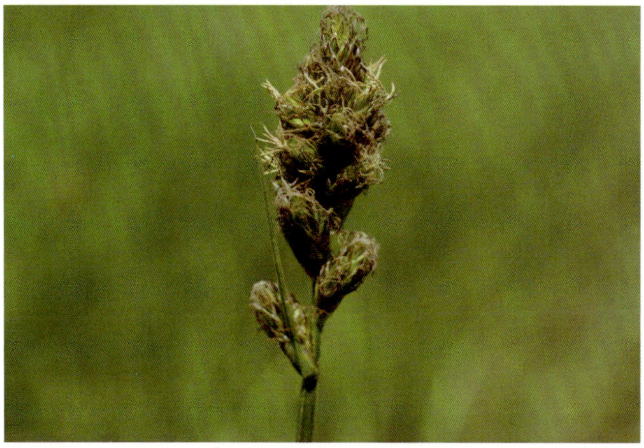

拉丁名

Carex diplasiocarpa V. Krecz.

基本形态特征

多年生草本。具匍匐根状茎。秆直立，锐三棱形，顶端细，稍俯垂，基部叶鞘褐色。叶明显短于秆，平张。苞片下部的叶状，短于花序，具长鞘，上部的鳞片状。小穗4—7枚，顶生1—3枚雄性或雄雌混杂，其余小穗雌性，长圆形，花密生。雌花鳞片披针形，黑栗色，背面中脉绿色。果囊长于鳞片，披针形，扁三棱形。小坚果狭椭圆形。花果期6—7月。

拍摄地点

大庆市红岗区草原。

兰科 Orchidaceae

红门兰属 *Orchis*

宽叶红门兰

拉丁名

Orchis latifolia L.

基本形态特征

多年生草本。块茎下部3—5裂呈掌状，肉质。茎直立，中空，基部具筒状鞘，鞘上具叶。叶互生，长圆形、长圆状椭圆形、披针形至线状披针形，基部收狭成抱茎的鞘，最上部的叶变小呈苞片状。花序具几朵至多朵密生的花；花苞片直立伸展，披针形，最下部的常长于花；花兰紫色、紫红色或玫瑰红色；中萼片卵状长圆形，直立，凹陷呈舟状。花期6—8月。

拍摄地点

大庆市杜尔伯特蒙古族自治县草原。

应用价值

块茎入药，可以代替手参药用，可补益气血、生津止渴。

兰科 Orchidaceae

绶草属 *Spiranthes*

绶草

拉丁名

Spiranthes sinensis (Pers.) Ames

别　名

盐龙参。

基本形态特征

植株高13—30厘米。根数条，指状，肉质，簇生于茎基部。茎较短，近基部生2—5枚叶。叶片线形至线状披针形，极罕为狭长圆形。花茎直立，上部被腺状柔毛至无毛；总状花序具多数密生的花，呈螺旋状扭转；花苞片卵状披针形；花小，紫红色、粉红色或白色，在花序轴上呈螺旋状排生；萼片的下部靠合，中萼片狭长圆形，舟状。花期7—8月。

拍摄地点

大庆市杜尔伯特蒙古族自治县草原。

应用价值

根、全草入药，可滋阴益气、凉血解毒，用于病后气血两虚、少气无力、气虚白带、遗精、失眠、燥咳、咽喉肿痛、缠腰蛇丹、肾虚、肺痨咳血等症；外用于毒蛇咬伤、疮肿。

Index Chinese Names
中文名索引

Z

Index to Scientific Names
学名（拉丁名）索引

图书在版编目（CIP）数据

大庆草地野生花卉 / 张兴等主编.—哈尔滨：哈尔滨出版社，2018.11

（黑龙江省野生植物原色图库丛书 / 郭春景主编）

ISBN 978-7-5484-3846-5

Ⅰ.①大…　Ⅱ.①张…　Ⅲ.①草地-花卉-介绍-大庆　Ⅳ.①S68

中国版本图书馆CIP数据核字（2018）第002675号

书　　名：大庆草地野生花卉
DAQING CAODI YESHENG HUAHUI

作　　者：张　兴　焉志远　郭梦桥　唐焕伟　主编
责任编辑：李金秋　韩金华
责任审校：李　战
封面设计：施　军

出版发行：哈尔滨出版社（Harbin Publishing House）
社　　址：哈尔滨市松北区世坤路738号9号楼　　邮编：150028
经　　销：全国新华书店
印　　刷：吉林省吉广国际广告股份有限公司
网　　址：www.hrbcbs.com　　www.mifengniao.com
E-mail：hrbcbs@yeah.net
编辑版权热线：（0451）87900271　87900272
销售热线：（0451）87900202　87900203
邮购热线：4006900345　（0451）87900256

开　　本：889mm×1194mm　1/16　印张：18　字数：150千字
版　　次：2018年11月第1版
印　　次：2018年11月第1次印刷
书　　号：ISBN 978-7-5484-3846-5
定　　价：150.00元